건축주와 건축가가 함께 만들어가는 녹색주거단지

LOW CARBON LOW ENERGY U-FOREST

이은식 · 이명주 공저

CIR

LOW CARBON, LOW ENERGY GREEN VILLAGE

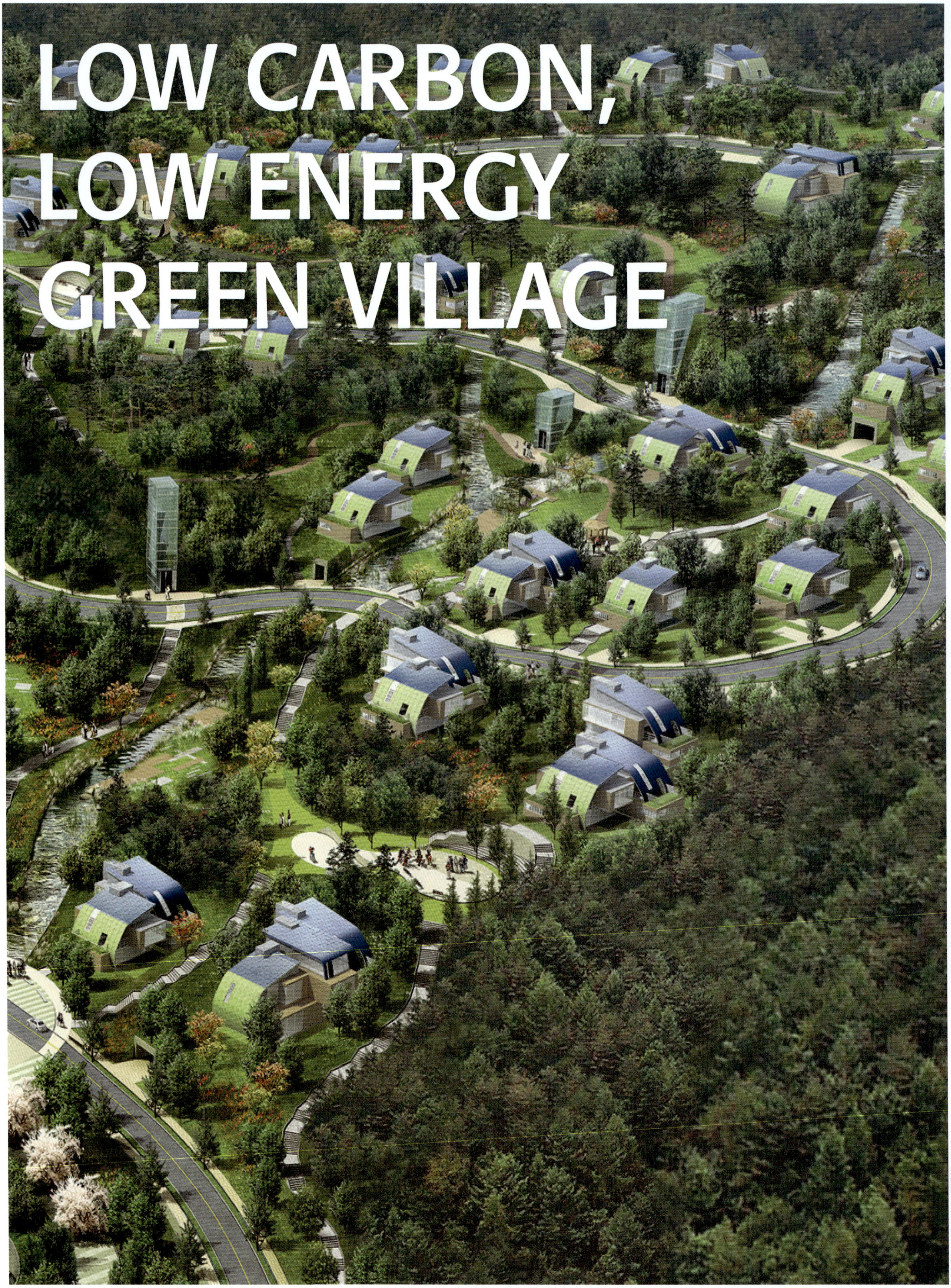

건축주 프롤로그

하임밸리(Heim Valley) 숲을 향한 발걸음.

봄이 되면 어릴 적 뛰어놀던 숲 내음이 생각나 가슴이 설렌다.
짙푸른 숲에서 나는 향기와 새들이 지저귀는 소리는 어른이 된 지금도 고향처럼 우리 마음에 남아 있다.
이 숲에서 많은 위대한 사상가, 예술가, 과학자들이 생겨났다.

최초의 숲은 하나님이 인간과 함께 하셨던 에덴동산이다.
하나님을 떠난 인간의 삶이 지속되면서 많은 숲들도 함께 탄식하게 되었다.
그러나 숲은 항상 참된 것을 보여주고, 오래 참으며, 한없이 자신을 내어주었다.

한 알의 밀알이 땅에 떨어져 죽었다. 이후에 많은 열매를 맺게 되었다.
진정한 회복은 이 단순한 희생의 창조적 섭리가 인간의 피와 땀을 통해 이 땅에 실현될 때 가능해진다.
이것이 한밀숲학교의 정신이자, 곧 함께 살아갈 U-Forest 마을의 정신이다.

우리는 이 숲을 하나님의 임재가 있는 삶의 터, '하임밸리(Heim Valley)'라고 이름지었다.
그러므로 하임밸리는 하나님의 창조적 섭리가 인간의 삶에서 바르게 펼쳐지는 곳이다.
이곳에 함께하는 시설들은 모두 기본을 회복해야 한다는 명제에 맞추어져 있다.

한밀숲학교는 일상의 작은 일 들 속에서 옳은 것을 끝까지 가르쳐 지키게 하는 학교이다.
지구 기후변화에 대응하는 마을도 일상의 작은 불편을 감수하고 올바른 행동을 몸으로 실행에 옮길 때 가능한 일이다.
건축가와의 힘겨운 싸움도 이상이 아닌 현실에서 실현될 계획을 만들어야 한다는 기본적인 생각에 서로 타협점을 찾기 어려웠기 때문이었다.

건축주와 건축가 사이의 빈번한 다툼에 관한 일화는 어제 오늘의 이야기가 아니다. 사실은 이미 오래 전부터 있어 왔음에도 표면화되지 않았을 뿐이다.
하지만 이 책을 통해, 이 이야기를 정직하게 있는 그대로 드러내고자 한다.
들춰졌을 때 문제가 드러나고, 그 문제를 향해 용기 있게 물음을 던지고 답을 구할 수 있는 고민이 시작되기 때문이다.
건축가와의 싸움은 심각했고, '건축가를 잘못 정한 것 아닌가'라는 생각이 들어 설계를 중단하고 싶을 정도였다.
설계안이 좋아지고 있다는 것을 알게 된 것은 건축가와 몇 번의 심한 싸움이 계속된 후였다.
그것은 내 문제가 무엇인지 알아가는 과정이었고, 상대의 말을 비로소 귀에 담아가기 시작하는 과정이기도 했다.
그리고 우리의 문제를 감추지 말고 빛 가운데 들추어 내어 정직하게 고백하고, 용감하게 돌이켜야 한다고 끊임없이 들어 온 교회의 진리의 말씀이기도 했다.

엄밀히 말해 사실상의 건축주는 그리스도의 편지교회이다. 그리스도의 편지교회는 한밀숲학교의 설립자이고 저탄소 저에너지 녹색주거단지 U-Forest의 시행자이기도 하다.
나는 단지 나를 사람되게 해 준, 교회의 전령이자 문지기로 서 있을 뿐이다.
우리는 이 마음으로 오늘도 하임밸리 숲을 향해 발걸음을 옮긴다.

2010. 12. 이은식

그리스도의 편지교회(1992)
학교법인 한밀학원(2010)
인성교육연구소(2010)
주식회사 하임밸리(2010)
한밀숲학교(2012)

건축가 프롤로그

프롤로그 1.

건축물과 도시를 이야기하면서 에너지를 논하는 시대가 되었다. 은신처로서의 건축물이 '에너지 먹는 하마'였다는 사실에 모두 기겁을 하였기 때문에 이제는 구조, 기능, 미에 에너지를 추가하지 않을 수 없게 되었다. 2003년 귀국 후, 우리나라도 언젠가는 건축물 분야에서 에너지 절감이 불가피할 것이라는 선견지명으로 환경건축의 불모지인 대한민국에서 그 작업을 함께 해 주었던 한국건설기술연구원의 윤용상 박사님께 감사의 마음을 전한다.

프롤로그 2.

명지대학교 교수건축가로서 2009년 6월 중소기업청, 창업진흥원, 명지대학교 산학협력단, 명지대학교 창업보육센터의 지원을 받아 벤처기업 설계사무소를 설립하였다. 창업 당시 졸업생 이우주 군과 함께 설립했던 ZedMJ(Zero Energy Design Myong ji Univ.)가 이제는 당당히 (주)제드엠제이 건축사 사무소와 제로에너지디자인 벤처기술연구소가 되었다. 흩어져있던 연구생들이 제자이자 직원(이우주, 김원석, 최정권, 황경민, 이승훈)으로 다시 돌아왔다. 교수건축가가 가능하도록 도와준 명지대학교 건축대학에 감사한다.

프롤로그 3.

건축가를 믿어주는 건축주를 만나면 건축가는 꿈을 실현할 수 있다고 했다. 그러한 건축주를 만난 것은 나에겐 축복이었고 나의 지식과 능력을 양육시켜 주는 계기가 되었다. 건축주와 일주일에 한 번씩 나눈 대화 속에서 건축가의 자만과 고집은 건축주가 갖는 땅에 대한 애정과 인간 중심의 교육관을 통해 변하고 있었다. 시간이 흘렀고 녹색단지라는 이상을 계획하였다. "이 세상은 너의 생각과 다르다."라고 말하는 사람들을 설득하기 위해 작은 보폭으로 서서히 걸어나가려 한다. 긴 여행이 될 것이다.

Maintain course and what comes it's way, face it!

프롤로그 4.

이 책은 (주)제드엠제이건축사사무소와 (주)에이텍종합건축사무소와 공동으로 수행했던 Low Carbon, Low Energy 녹색주거단지 U-Forest 마스터플랜 결과보고서를 기본으로 하여 작성한 저서이다. 단순히 결과물을 책자로 만드는 일에 그치지 않고, 건축가가 건축주를 그리고 건축주가 건축가를 설득하는 과정을 담고자 하였다. 모든 프로젝트가 그렇듯 만들어진 결과물은 과정을 포함하고 있지만, 그 누구도 결과물을 보면서 과정을 읽진 못한다. 그래서 우리들만 알고 있었던 과정을 공개하려고 한다. 함께했던 김희옥 대표, 조준호 소장, 조용선 실장, 최정권 팀장, 김원석 연구원, 이우주 연구원, 김보람 씨, 류보라 씨, 김재욱 씨에게 진심으로 감사의 마음을 전한다.

프롤로그 5.

교수이자 건축가로서 건축물·도시 에너지 절감 이론과 친환경단지조성 이론을 디자인 코드로 전환하여 Low Carbon, Low Energy 녹색주거단지를 설계했던 계획안이다. 인간과 자연중심의 생각이 인류와 지구 미래를 디자인 한다는 확신으로 한줄 한줄 기록하였으며, 나의 부모님과 앞으로 이 지구의 주인공이 될 후손들의 탄생 앞에 이 책을 정중히 바친다.

2010. 12.
교수건축가 이명주

| 차 례 |

VI 에너지 절약형 건축물 계획

VII 기후변화 적응계획

VIII 탄소배출 저감 및 흡수 효과 분석

IX 실행계획

Bird's-Eye View

저탄소 저에너지
녹색주거단지
U FOREST

U-FOREST

I

계획의 개관(槪觀)

계획의 배경 및 목표

현황 분석

지형 및 식생

계획의 배경 및 목표

계획의 배경

- 그리스도의 편지교회가 한밀숲학교 설립을 위해 2008년 2월 용인시 처인구 포곡읍 금어리 1번지 일대의 농지와 숲 28만평을 매입
- 2008년 8월, 정부에서 새로운 국가발전 패러다임으로 '저탄소 녹색성장' 제시
- 기후변화로 인한 환경, 경제, 사회문제의 급증과 자원위기 등의 심화로 인한 친환경 패러다임의 변화

  기후변화 방지 활동 ⇒ 녹색성장 ⇒ 저탄소 사회
- 저탄소 녹색성장 기조에서 구릉지, 전원지역의 도시개발 패러다임 변화

  전원마을 ⇒ 생태마을 ⇒ 저탄소 녹색마을
- 2009년 9월, 한밀숲학교 교육환경평가 심의 완료 (경기도 교육청)
- 2009년 12월, 한밀숲학교 부지 2만5천평 '학교시설'로 도시관리계획 변경 결정 (용인시)
- 2010년 4월, 학교법인 '한밀학원' 설립허가 완료 (경기도 교육청)
- 2010년 5월, 한밀숲학교 학교설립계획 협의 완료 (경기도 교육청)
- 전세계적으로 그리고 국가적으로 그 필요성이 더욱 중시되고 있는 지구환경 대응과 에너지 문제에 대한 하나의 시범적 대안으로, 한밀숲학교의 설립 인허가가 완료되면서, 학교와 함께 할 '저탄소 저에너지 녹색주거단지'의 구체적인 조성계획을 수립하려고 하는 것임

한밀숲학교 학교설립계획 협의 완료

계획의 목표

자연환경의 최대보존과 자연에 미치는 환경 부하의 최소화

도로 조성과 주동 배치에 있어 자연환경의 최대 보존이라는 목표를 바탕으로 계획하고, 모든 시설의 에너지 절약형 건축물 실현 등 친환경과 저(제로)에너지를 모토로 단지를 조성

실현가능하고 지속가능한 저탄소 저에너지 녹색마을 조성

저탄소 저에너지 복합주거단지는 자발적인 참여에 의한 녹색성장 공동체를 운영하고, 지속적인 교육과 실천방안을 마련하여 주민 스스로 에코라이프스타일을 실천할 수 있는 실현가능한 마을을 조성

녹색생활이 실제로 가능한 복합환경 조성

단지 내에 학교, 직장, 주거, 문화, 편의 시설의 복합조성으로 직주근접, 학주근접, 산학연계 시스템을 바탕으로하는 진정한 에코라이프와 커뮤니티라이프의 현실적인 실현 기반 마련

현황 분석

광역 현황

- 용인시의 행정구역상 동북부 지역으로 광주시의 도척면과 맞닿아 있는 지역
- 용인시에는 명지대, 한국외대, 용인대, 경희대, 단국대, 송담대, 강남대, 국립 경찰대, 칼빈대, 총신대, 루터대 등 10여 개 대학이 있고 그 중에 본 사업지 북측 인근에 한국외국어대학이 소재
- 서측 인근에는 에버랜드가 있으며, 계획부지 북측으로 162ha 규모의 용인자연휴양림이 있어서 위락·휴양 기능이 연계될 수 있는 잠재력이 큰 지역
- 2011년 3월, 경전철이 개통될 예정이며 본 사업지구는 둔전역과 보평역을 이용할 수 있어서 셔틀차량이나 버스로 환승하여 편리하게 접근 가능
- 계획부지 북서쪽으로는 모현 전원형 복합단지(35만평)와, 남서쪽으로는 금어 전원형 복합단지(25만평)가 조성될 예정으로 수도권의 쾌적한 정주지로의 발전 가능성 높음
- 제2경부고속도로, 제2외곽순환도로 그리고 공사 중인 국지도57호선이 개통되면 수도권의 남동부 교통 요충지가 될 것임

● **LEED ND 항목**

1. Smart Location & Linkage	도시계획 중 대지와 관련항목
Prereq 1	Smart Location 기존 근린시설과 대중교통이 있는 지역에서의 개발(재개발 유도)

건축주 이 곳 하임밸리 숲은 용인시내에서 무척 가까운 곳임에도 불구하고 깊은 숲의 느낌이 들었다. 그것은 이 숲이 정광산-태화산으로 이어지는 큰 숲과 연결되어 있었고, 용인시에서 가장 높은 산인 마구산(595m)이 바로 이 숲의 정상일 정도로 깊은 숲과 맞닿아 있는 때문이기도 하였다. 그러므로 이 숲은 수도권에서 몇 남지 않은 큰 숲 중의 하나인 정광산-태화산의 작은 입구인 것이다. 숲의 곳곳을 탐색하면서 언젠가는 주변의 개발압력으로 훼손될지도 모르는 이곳이 하임밸리 숲-숲학교-숲마을로 이어지는 자연과 인간이 만나는 아름다운 상생의 터가 되기를 기원했다.

건축가 명지대학교 교수로 부임 후, 산 좋고, 공기 좋고, 가격이 저렴했던 아파트에서 6년 반을 살았었다. 내가 살던 그 곳과 멀지 않은 곳에 저탄소 저에너지 녹색주거단지를 계획해 달라는 부탁을 받았다. 내가 보아오던 그 아름다운 자연을 내가 훼손하는 것은 아닐까? 잠시 수락을 망설였었다.

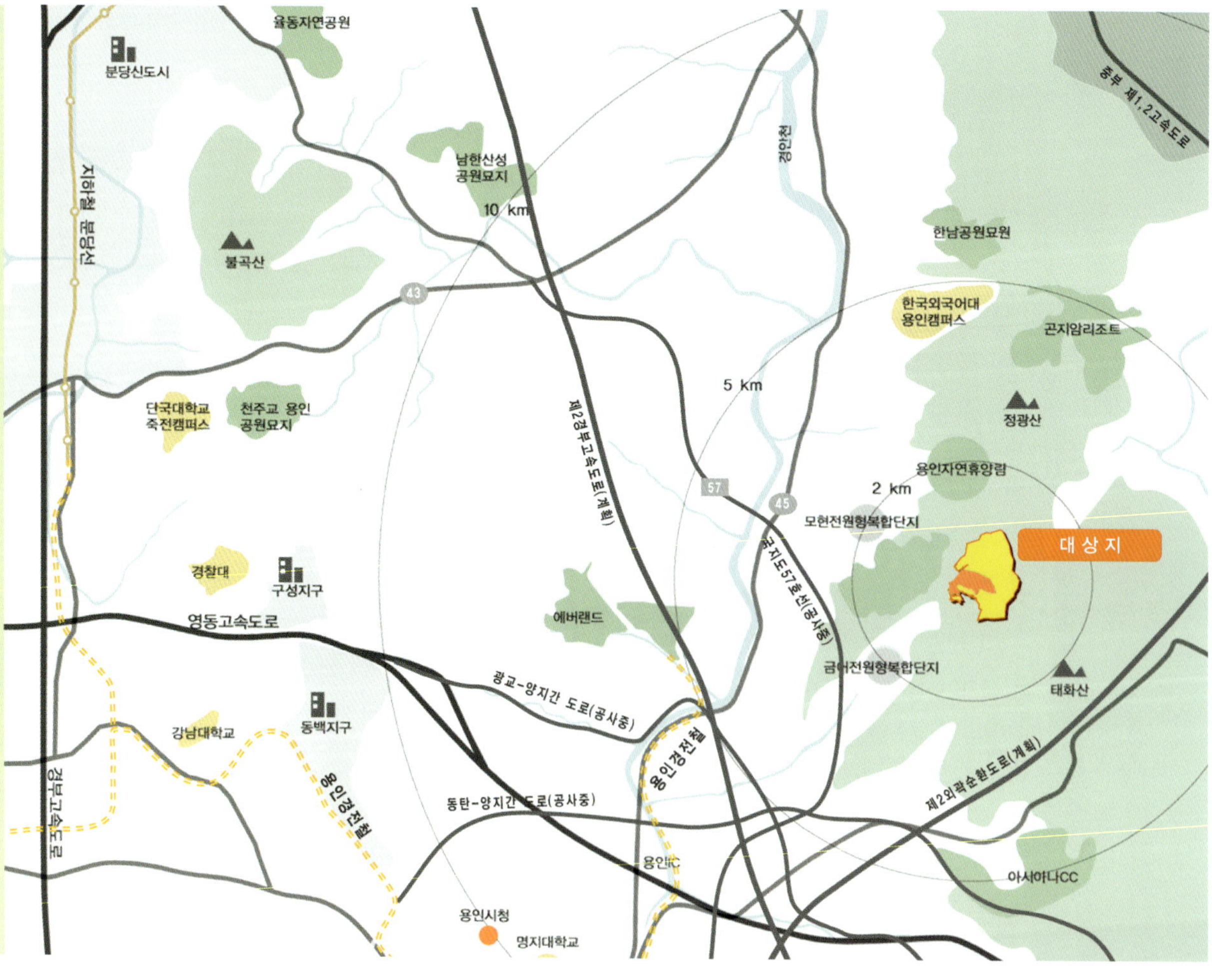

요소별 현황

저탄소 저에너지 녹색주거단지의 공간적 특성 및 자연·인문 환경에 따른 각 요소별 특징은 다음과 같다.

1 광역위치

행정구역명은 경기도 용인시 처인구 포곡읍 금어리로 경기남부지역의 중심에 위치한다.

경기도 용인시 처인구 포곡읍 금어리

2 접근성

계획부지 동쪽의 경부고속도로와 남쪽의 영동고속도로, 동쪽의 제2중부고속도로와 인접해 있으며 주변 신도시와 접근이 유리하다.

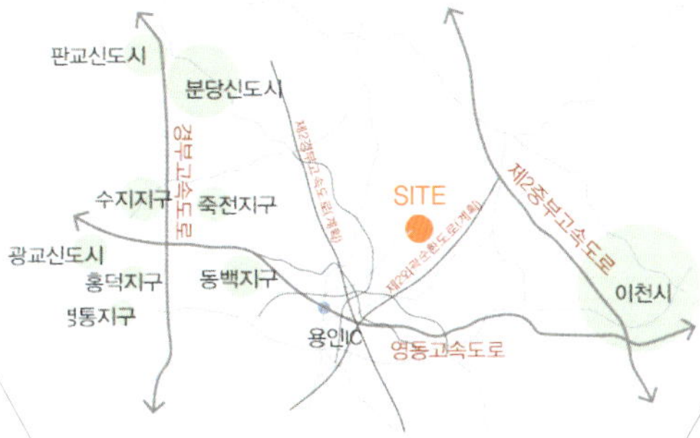

3 도시계획현황

용인시의 5대 생활권 중 전원형 문화생활권(전원복합주거, 관광, 휴양)인 용인생활권에 속한다.

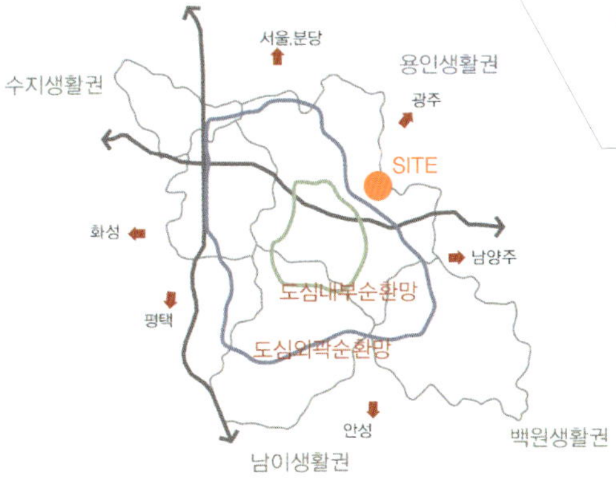

4 자연현황

북동쪽의 정광산, 남동쪽에 태화산이 있고 서쪽으로 경안천이 흐르며 자연공원, 리조트, 컨트리클럽들이 부지 주변에 위치하고 있다.

5 향/조망

계획부지는 동고서저(東高西低)의 지형으로 서측의 하늘과 땅을 바라보는 열린전망과 동측의 숲이 우거진 자연조망을 갖추고 있다.

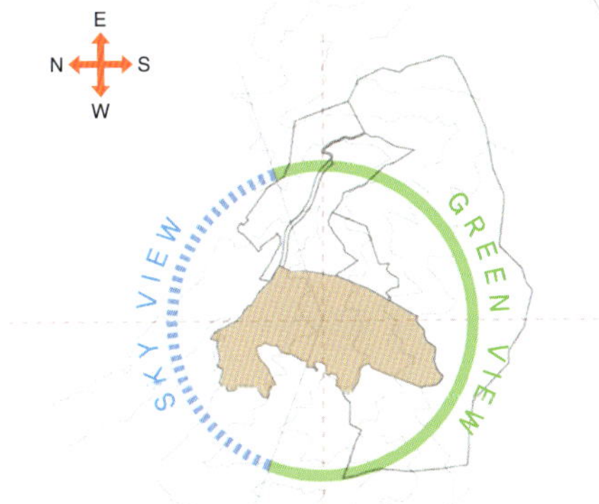

6 주변현황

계획부지는 저탄소 저에너지 녹색주거단지의 진입부분에 위치하고 있으며 북쪽으로 교육시설, 의료시설이 구획되어 있고 동쪽으로 수목원이 자리잡고 있어서 유기적으로 연계된다.

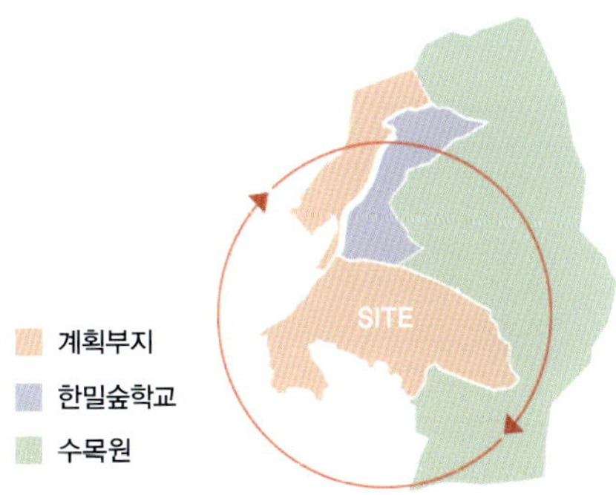

지형 및 식생

지형분석

계획 대상지는 용인시의 제1봉인 말아가리산(마구산, 해발 595m) 서남측 사면의 중하단부에 자리하고 있으며, 양호한 자연경관을 형성

전체적인 식생은 자연림으로서 참나무과인 신갈나무, 상수리나무가 산의 중상부지역에서 출현 빈도가 높으며, 동서로 경사를 이루는 지형을 따라 많은 물길이 형성되어 있는 숲지역

1 임도

현재 지형을 따라서 임도가 위치한다.

2 물길

계곡을 따라 많은 물길이 자리잡고 있다.

3 지형

동서 방향으로 경사를 이루고 있다.

건축주 이 땅을 처음 본 순간 매료되었고, 이 땅을 매입하기로 결정하기까지 일주일이 채 걸리지 않았고, 2달 만에 잔금을 다 치뤘다. 땅 매입은 꿈을 꾸듯 이루어졌다. 그 이유는 이 아름다운 숲속에 학교가 지어져 아이들과 함께할 수 있다는 부푼 가슴 하나였다.

식생분석

국토환경성평가지도 1

식생도 2

녹지자연도 3

환경생태적평가지도 4

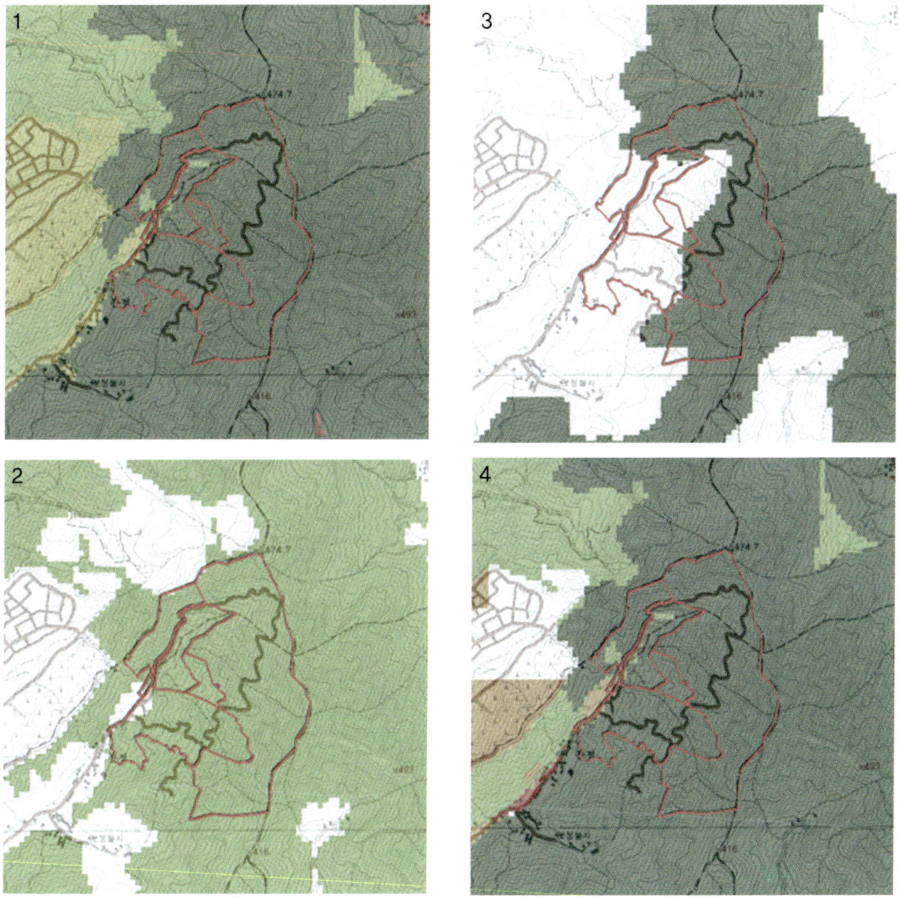

■ 1등급
■ 2등급
■ 3등급
■ 4등급
■ 5등급

• 환경부 국토환경성평가지도

건축가 건축주와 함께 트럭을 타고 단지를 보았다. 가파른 산을 치달리는 트럭 뒷 칸에서 굴러다니는 짐이 되지 않으려고 차를 붙잡고 있었다. 가도 가도 끝없는 숲길을 달리면서 왜 이 곳에 주거단지를 설계해야 하는지? 왜 아름다운 자연을 훼손해야 하는지? 시종일관 그 생각뿐이었다.

위치별 현황 조망

사방으로 일정 높이 이상의 수림대가 형성되어 조망이 우수하며 한강으로 흘러드는 경안천의 지류인 금어천의 발원지를 형성하는 수계가 대상지를 관통하고 있어, 소하천과 산세가 조화를 이루는 자연경관을 연출

개발예정지역 12만평(학교 포함)

보존지역 15만평

● **LEED ND 항목**

1. Smart Location & Linkage	도시계획 중 대지와 관련항목
Prereq 4	Wetland and Water Body Conservation 습지 및 강과 호수를 보호하여 물, 자연생태계, 동식물 서식지 보존

건축주 이 숲의 가을은 짙은 갈색이다. 이 갈색은 가장 한국적인 색이다. 화려하지도 않고 어둡지도 않은… 그러나 이미 내 마음도 이 갈색으로 물들여져 하나가 된다. 울긋불긋한 단풍보다 더 깊고 깊다. 모든 사물을 다 담아도 결코 튀지 않을 것 같다.

건축가 이 자연을 훼손하고 싶지는 않았지만 이곳에서 살아보고 싶었다. 땅을 품은 집, 하늘 아래 아주 작은 집, 새소리와 계곡 물소리가 들리며, 공기가 살아 있고, 솔내음이 마음을 깨우고, 정원에 핀 채송화와 사루비아 꽃이 어린 날의 붉은 추억과 단 맛을 주는 그런 집에서 살아보고 싶었다.

A

B

C

D

E

F

G

H

I

J

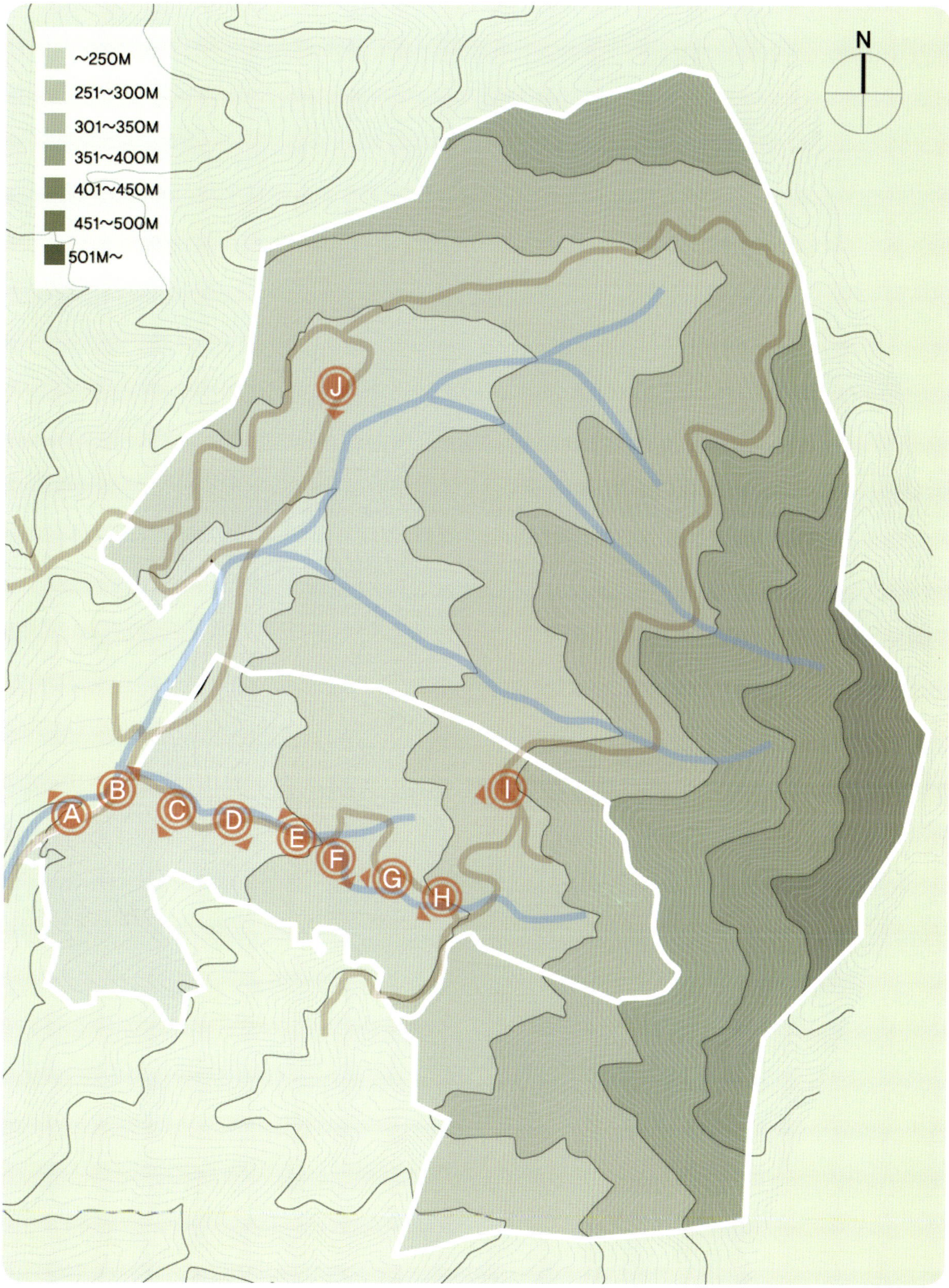
~250M
251~300M
301~350M
351~400M
401~450M
451~500M
501M~
N
A
B
C
D
E
F
G
H
I
J

U-FOREST

II

계획의 구상

계획의 방향

계획의 내용

공간구상

종합배치

● LEED ND 항목

4. Innovation & Design Process	
Credit 1.1	Innovation in Design: Provide Specific Title 지역개발과 관련된 평가 시스템에서 LEED에 규정된 것 이상의 특별 수행 성과를 유도하고, LEED ND 평가 시스템에는 없지만 새로운 도시적인 항목과 친환경적이고, 현명한 성장과 관련된 혁신적인 설계 수행
5. Regional Priority Credit	
Credit 1.1	Regional Priority Credit: Region Defined 지역적으로 특별한 환경, 사회적 동질성 및 공공의 건강을 우선시하는 전략을 유도

계획의 방향

터의 해석 : 자연 그리고 인간의 회복과 재생

● LEED ND 항목

1. Smart Location & Linkage	도시계획 중 대지와 관련항목
Prereq 6	Floodplain Avoidance 수질과 자연생태계를 향상시켜, 개방공간 및 서식지 보존을 도모하고 생명과 재산을 보호

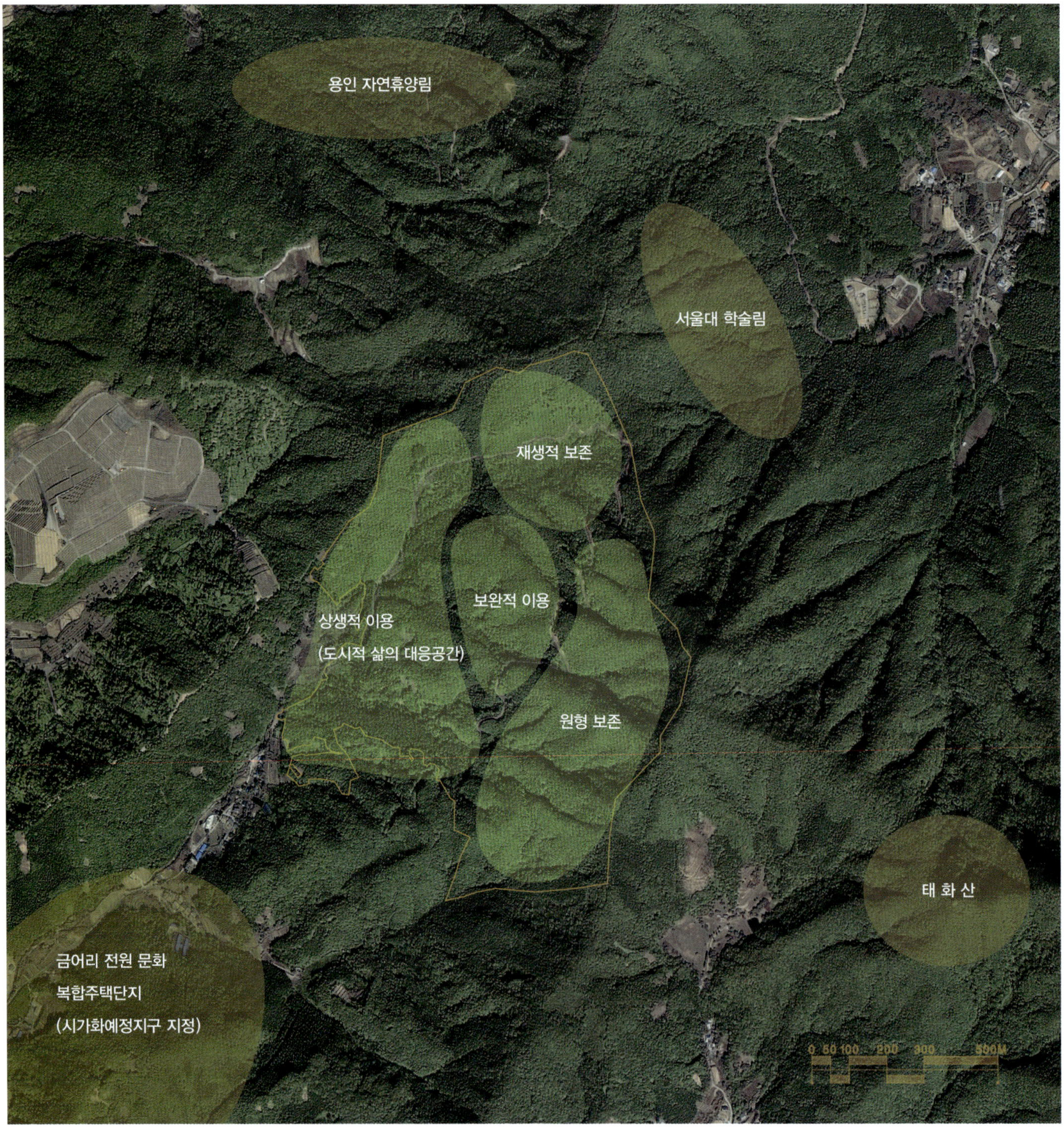

1

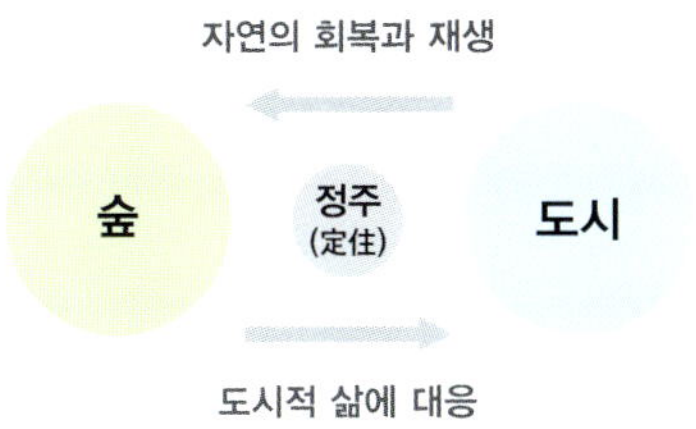

2

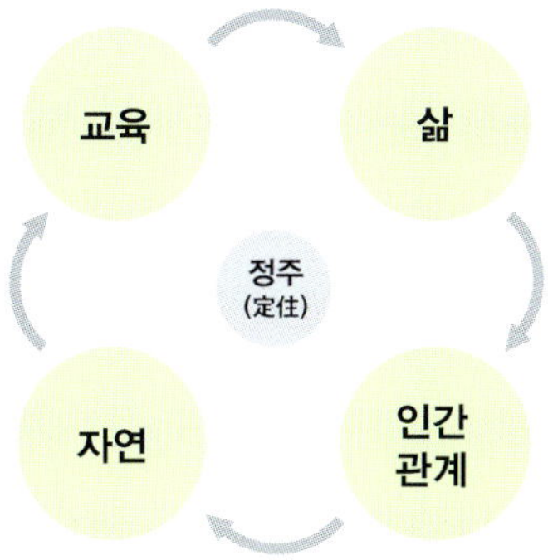

3

공간의 해석 1

정주관계의 해석 2

숲의 해석 3

원형 보존

지형상 소계곡들이 많이 형성되어 있고 부분적으로 다양한 식생이 전개되고 있으므로 원형으로 보존하면서 숲가꾸기 등을 통해 건강한 숲으로 육성

재생적 보존

접근성과 지형상의 유리한 점을 감안할 때 숲을 치유하면서 이 곳의 식생에 적응할 수 있는 다양한 수종을 조림하여 적극적인 수목원으로 다양한 식생의 변화를 유도

보완적 이용

건강한 숲지역은 미래목 중심으로 살려내고, 불안정한 지역은 도시적 이용의 목적 특히, 활동적인 체험지구로 활용하여 원형 숲을 보호하는 보완적 용도로 활용

상생적 이용

도시적 토지이용과 생태적 토지이용 모두 상생적인 효과가 나타나도록 친환경적 건축설계를 적극적으로 도입

건축주 건축가가 이 땅을 어떤 컨셉으로 개발하고 싶은지 물어 왔다. 고민 중이던 어느 날 U-Forest는 어떠냐는 연락이 왔다. 그래서 건축가에게 U-Forest보다 E-Forest라고 하자고 했다. 편안한 마을(Easy), 에너지제로(Energy-Zero)마을, 가르침과 배움이 있는 마을(Edu)이라는 뜻으로. 그러나 받아들여지지 않았다. 'E'자보다는 'U'자가 더 좋다고 느꼈기에 건축가의 의견을 존중해 주었다.

건축가 설계 도중 마음이 변할지 모르니 중심된 생각을 건축주와 공유하고 싶었다. 어떻게 개발해야 하는지 무엇을 위해 개발하는지를 한마디로 나타내 줄 수 있는 단어를 공유하고 싶었다. 설계하기 전에 절대 놓아서는 안 되는 줄을 마음에 걸었다. 원형지형보존, 원형지반보존, 훼손지역 재생, 저밀도 계획이었다. 그리고 마을의 이름을 지었다. 많은 사람들이 불러주면 불러줄수록 장수하고 무병 무탈해 질 수 있다는 이름을 지었다.
U-Forest is Ur-Forest
상대방을 배려하면서도 자연, 사회, 문화, 과학, 교육 그리고 에너지절약을 통한 쾌적함을 담을 수 있는 이름을 짓기 시작하였다.

계획의 Main Concept : " U-Forest 마을 "

도시와 자연, 교육과 기술이 공존하는 친환경 저탄소 저에너지 녹색주거단지 U-Forest

Union Forest … 커뮤니티와 Social Mix, 함께하는 숲

Ubiquitous Forest … 제로에너지, 인간존중의 기술이 있는 숲

Urban Forest … 직주근접, 도시가 공존하는 숲

User-friendly Forest … 무장애 공간지향의 인간친화적인 숲

Upbringing Forest … 학주근접, 배움과 생활이 일치하는 숲

계획의 내용

UNION – 커뮤니티와 Social Mix, 함께하는 삶

주거, 직장, 학교가 공존하는, 자연과 사람, 기술이 함께하는 공간이 된다.

U NION FOREST...... 다양한 테마의 친환경 공동체

1 Community

다양한 분야가 숲 안에서 하나가 된다.

2 Social Mix

여러 분야의 사람들이 숲 안에서 하나가 된다.

3 Eco Life Style

Urban과 숲이 하나가 된다.
21세기 기술과 Eco Life Style이 하나가 된다.

1

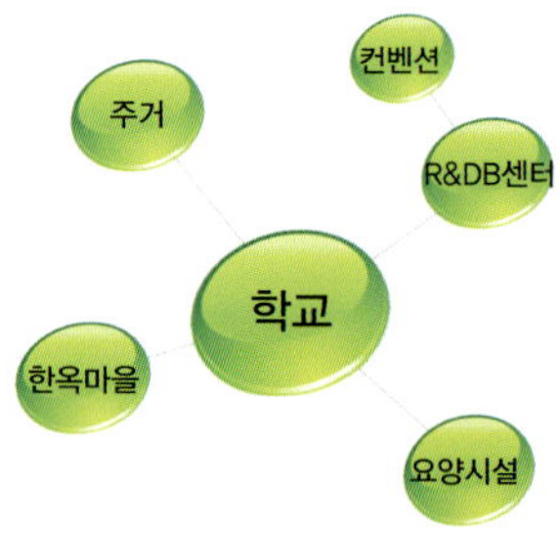

2

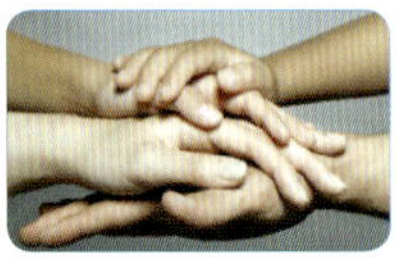

3

UBIQUITOUS – 제로에너지, 인간존중의 기술이 있는 공간

1차 에너지 소요량 제로 주택, 에너지 절약을 최첨단 기술로 실현한다.

U BIQUITOUS FOREST...... 자연을 돋보이게 하는 기술

1 IT와 숲

시스템 제어

1

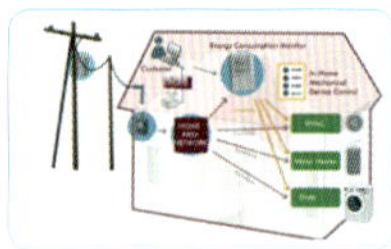

2 Smart Grid와 숲

Network System

2

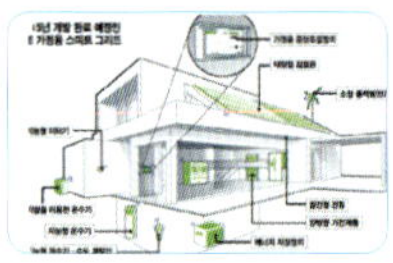

3 Energy와 숲

Energy-saving : 화석에너지 절감
Renewable Energy : 신 · 재생에너지 사용
Energy Efficiency : 고효율 전자제품 사용

3

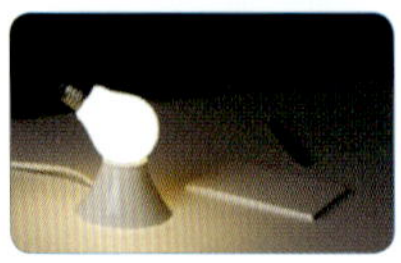

URBAN FOREST...... 도시와 숲이 공존하는 마을

URBAN – 도시가 공존하는 숲, 직주근접

자연속의 친환경 에코라이프와 편리한 어번라이프를 공유할 수 있는 단지가 된다.

1

Forest 1

저밀도 개발
자연지형 및 생태보존
녹지율 최대확보
지형보존

2

Urban 2

고밀도 개발
자연훼손율 최소화
단지 내 경제성 창출
주택 단지 공동화 현상 최소화

USER-FRIENDLY CIRCULATION FOREST...... 자연에 순응하는 Eco Space

USER-FRIENDLY – 인간친화적인 숲과 무장애 공간

무장애공간, 녹색교통, 인간 친화적인 숲과 커뮤니티가 함께하는 에코라이프가 있는 공간이 된다.

1

1/12 경사로 1

전동휠체어 접근 가능
전기자전거 접근 가능
녹지 / 보행로 / 차도 분리
길을 따라 배치된 주택

2

GREEN STREET 2

지형의 절성토 최소화
지형에 맞는 숲길

3

GREEN PLAZA 3

길과 공원이 만나는 숲
길과 주택이 만나는 숲
길과 계단이 만나는 숲
길과 엘리베이터가 만나는 숲

UPBRINGING – 학주근접, 배움과 생활이 일치하는 삶

- 배움과 생활이 일치하는 삶
  배움을 실천하는 교육마을이 된다

UPBRINGING FOREST...... 배움이 중심되는 교육마을

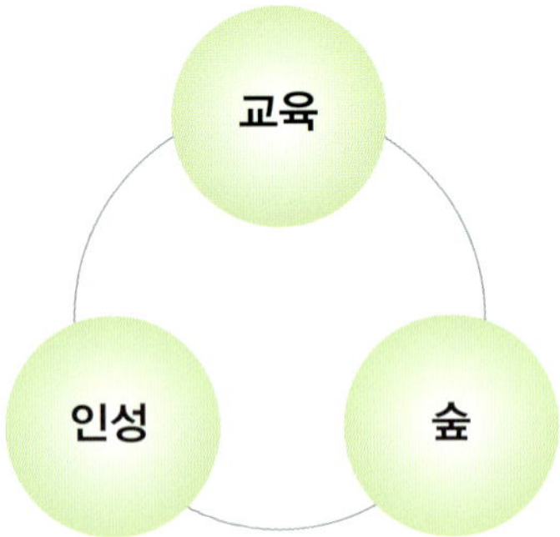

학주근접의 기반시설 조성
숲 전체가 배움과 연결되는 친환경 단지 조성
Eco Life Style의 주거방식이 기본이 되는 환경교육
R&DB센터와의 산학 연계

한밀숲학교의 특성

인성교육
- 풍성한 생명력을 가지고 인생을 살 수 있도록 돕는 자아실현

자연생태교육
- 아름다운 숲으로부터 배우는 삶

리더십교육
- 자유로우며 자신감이 있고, 책임감과 희생의 리더십을 배우는 교육

초 · 중 · 고 통합교육
- 10여년의 꾸준한 관찰과 교육으로 창조적 성품을 찾아가는 교육

가정연계교육
- 배움과 가정의 생활이 일치되는 교육

인간관계교육
- 사람과 사물과의 관계속에서 성장하는 인성교육

커뮤니티교육
- 다양한 만남과 접촉자체가 교육의 기본적인 수단

교육과정의 기본원칙

배움과 삶이 일치되는 교육과정
- 학교와 가정, 사회가 어울린 일관성 있는 교육과정
- 정기적인 기간제 기숙생활로 일상생활과 연계된 체험중심 활동

대상세계와 상호관계성을 인식하는 교육과정
- 인간의 기본적 삶을 익힘
- 인간과 주변관계와 조화된 삶을 익힘 (사회–나의 관계)

창조적 성품을 기르는 교육과정
- 개인의 진로, 적성수준에 맞는 창의적이고 다양한 선택교육
- 여러 가지 사회 체험을 통한 직업 탐색

학생 중심의 열린 교육과정
- 학년의 구분이 없는 수준별 선택교육과정
- 혼합 연령 프로젝트 활동과 멘토링 제도

더불어 사는 삶을 실천하는 교육과정
- 장애우와의 통합교육 및 공동생활
- 지속적인 사회체험 및 몸과 마음이 함께하는 봉사활동
- 문학, 예술 등의 여러 동아리 활동

건축주 건축가가 제안한 U–Forest의 여러 가지 Concept은 결국 'Mix'라는 단어를 떠오르게 했고, 이것은 우리가 가기 힘든 어려운 길을 선택하고 있다고 느끼게 했다. Social–Human Mix, Urban Mix, Eco–Life Mix, Mix Land Use 그리고 이것은 함께 할 수 없다고 생각했거나 함께 하지 않았던 것을 함께하게 만드는 작업이라는 생각이 들었다. 이미 이 이름을 듣는 순간 세상의 흐름과는 거꾸로 가는 힘든 작업과 만나게 될 것이라는 예감이 들었다.

건축가 과연 건축주가 내가 제안한 U–Forest라는 개념을 받아줄까 고민했다. 하나의 단어 안에 너무도 많은 이상이 담겨 있기 때문이었다. 유니온(Union)을 통해 사회통합을, 유비쿼터스(Ubiquitous)를 통해 제어시스템 구축을, 도시와 숲(Urban & Forest) 구분을 통해 자연지형 및 지반 훼손 최소화를, 주민친화(User–friendly)를 통해 거주자들에게 편안함을, 훈육(Upbringing)을 통해 자연이 인간에게 주는 교훈을 담아 행복과 희망이 함께하는 주거단지로 만들고 싶었다. 이제 선택은 건축주가 해야 한다. 사업성이냐 이상이냐를 선택하는 일은 온전히 건축주의 몫이기 때문이다.

교육과정(Curriculum)

현행 교육과정의 틀을 깨기보다 이 틀에서 내용과 교수학습방법을 다양하게 조정하는 방향으로 편성한다.
꾸준하게 일관된 교육으로 한 분야를 제대로 정확하게 익힐 수 있도록 한다.
자기주도적 학습능력을 신장할 수 있도록 조사, 연구, 발표, 토론의 학습방법을 중시한다.

신체(다리)
국토순례/문화순례
지역탐방/해외연수
춤/테니스/태권도

언어(입)
언어탐구/국어학
작문·논술/한문학
중국어/일본어
불어/독일어/영문학

노작(손)
목공예/옷만들기
농사/원예
요리/흙집만들기

생태(환경)
생태학입문/숲가꾸기
자연환경보호
환경친화적 삶/곤충

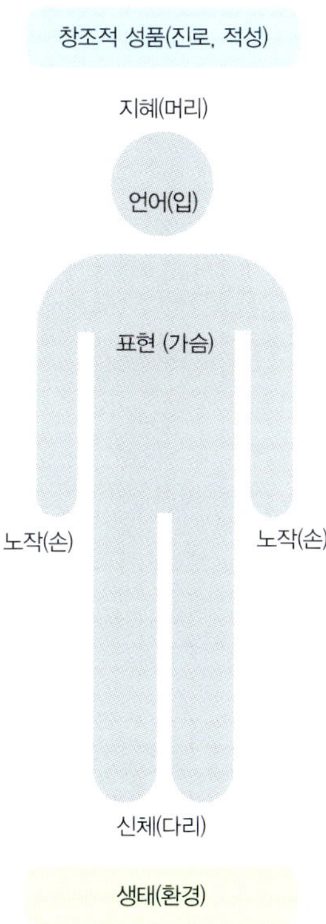

지혜(머리)
한밀철학/성경산책
잠언/영성관련

표현(가슴)
문학(동서양 고전)/문예
창작/작곡/연극/영화
애니메이션/사진

특기적성
악기(피아노, 바이올린,
플룻, 기타, 하모니카 등)
국악/풍물/합창
공예(도자기, 직조, 염색)
서예/영화감상

『한』과정 (1 ~ 6학년)

– 다양한 재량활동들을 통해 자유롭게 세계를 경험하면서 교사–학교–부모로 이어지는 큰 가족 안에서 사랑과 신뢰의 관계를 형성

『밀』과정 (7 ~ 9학년)

– 지적 체계를 잡아나가는 과정으로 보고 점차 보통 교과의 비중을 높이면서 교수학습 방법에 있어서 근본적인 원리를 심화하는 것에 초점을 두는 방향으로 편성

『숲』과정 (10 ~ 12학년)

– 자신의 특성들이 나타나면서 자기 주도적인 탐구가 가능한 시기, 진로를 탐색하는 시기로 보고 다양한 교과목 선택 가능
– 다양한 진로환경에 대처하기 위해 과목 선택에 있어서 융통성 부여

특성화 교과 활동(재량활동)

– 하나님이 주신 창조적 성품을 발견하고 아름다운 생태환경 속에서, 하나님의 지혜가 머리가 되어 언어와 표현과 노작과 신체가 일치되어 움직이는 온전한 인격체로 성장할 수 있도록 하는데 목적이 있다.

숲 … 보존과 조화를 위한 건축 언어(Construction)

아름다운 숲, 그리고 조화를 이룬 학교환경에서 한 알의 밀알들이 잠재력을 키워간다.
즐겁고 때로는 힘든 과정 속에서 아름다운 인성과 능력이 다듬어져서 다시 자연의 풍성한 생명력을 닮아갈 것이다.

새로운 의미의 숲학교

– 자연, 계절의 변화가 교과서가 되는 학교

숲 전체가 교실이 되는 배치

– 보전 숲과 물길을 따라 최소한의 건물배치

에너지 순환 건축

– 생태계의 부담을 줄이는 에너지 순환 설비

숲을 살리는 건축

– 기존 숲을 보존하고 새로운 숲의 조성과 보완

수공간을 살리는 건축

– 계곡 물길을 자연친화적으로 친수공간화

친환경 건축

– 볼륨의 최소화, 자연소재의 건축

공간구상

- **Urban Zone**

주 동선인 메인도로에 면한 영역으로 타워형 주거, R&DB센터 등을 조성하여 단지의 랜드마크를 형성하고 외부와의 전이공간 및 게이트 역할

- **Forest Zone**

숲에 접한 내측에 위치하며, 저밀도 친환경 주택단지 조성

- **Welfare Zone**

주계곡부와 메인도로 끝부분의 숲으로 한밀숲학교와 노인복지시설이 입지하여 숲을 통한 교육과 치유, 휴양 기능을 담당

1 영역별 배치

도시와 자연이 공존하는 복합 친환경 단지

2 도로계획

95m 등고를 8%의 낮은 경사율로 부지 전체를 아우르며 오르는 도로계획

1

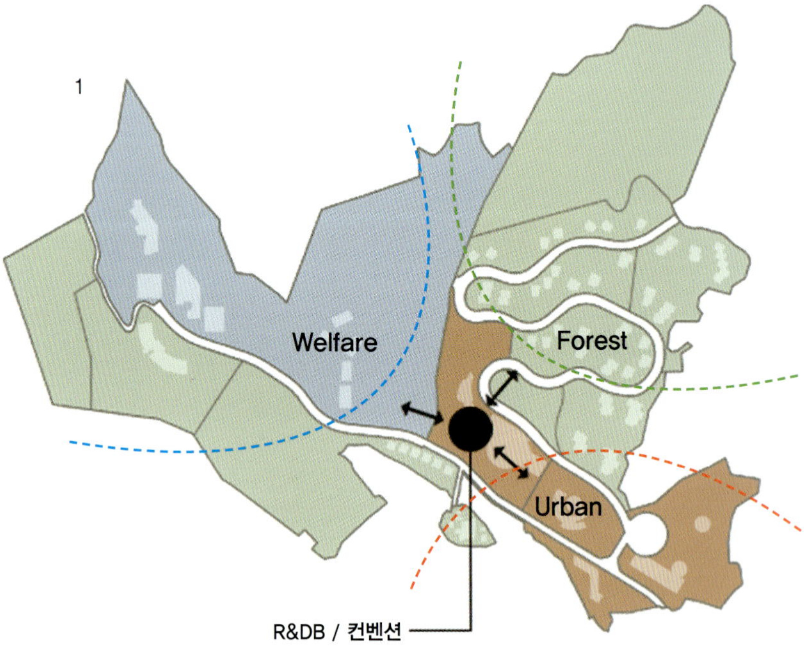

R&DB센터/컨벤션센터 : 타 영역과 편의시설 공유 등 긴밀한 연계를 고려하여 단지 중심에 배치

공간구상

건축주 U-Forest의 개념을 받아주기로 했다. 하지만 내가 요구한 세대수가 어떤 의미인지 알지 못했다. 온 땅을 덮은 주택을 보면서 사업성이냐 이상이냐의 선택이 바로 이 순간에 넘어야 할 산인 줄 그때 깨달았다. 세대수를 맞추자니 사업성은 보이나 건축가와 약속한 U-Forest는 보이지 않았다.

건축가 건축주와의 약속은 제목에 불과했다. 세대수를 맞춰 달라는 요구는 현실이었다. 설계 전 약속은 곧 회의를 불러일으켰다. 이 땅에 꼭 단지를 지어야 하는가? 아무리 에너지 절약형 단지라고 할지라도 땅을 이렇게 훼손하는 일이 정말 필요한가? 학교를 짓기 위해 개발해야 하는 주거단지이기에 사업성에 맞는 용적률과 세대수를 제안하는 건축주가 이해가 되기도 했지만 내가 할 일은 아니라는 생각에 지금이라도 설계를 중단하고 싶었다.

영역별 배치

건축주 건축가는 전답 등의 농경지를 Urban 영역으로 보았고, 벌목되기 전 가장 울창한 낙엽송 숲이었던 곳을 Forest 영역으로, 훼손된 숲 지역을 Welfare 영역으로 보았다. 미리 이야기 해 주지 않았지만 건축가의 이 땅에 대한 해석은 정확했다. 그러나 사업성을 염두에 둔 상황에서 마음은 답답해지고 뜻은 좋지만 더 이상 이대로 설계가 진행되어서는 안 되므로 일단 설계를 중지하는 것이 좋겠다는 갈등도 한쪽 마음에서 계속 일어나고 있었다.

건축가 그래도 건축주는 사업성만을 고집하지는 않았다. 나의 이야기를 듣고 있었다. 좋은 점은 받아주고 있었다. 산의 영역을 나누는 작업도 그 중 한 가지였다. 훼손된 숲, 보호해야 할 숲, 사람을 받아주는 숲을 나누는 작업이 필요했다. 조각가가 바위 속에 감추어진 형태를 찾아야 하듯, 숲속에 감춰진 숲의 이야기를 들어야 했다. 자연은 우리에게 숲 속의 도시, 숲 속의 마을, 숲 속의 작은 휴식공간을 만들어 주었다. 그러나 영역을 나눈다는 것은 사업성과는 점점 멀어지는 일이라는 사실을 알고 있는 나로서는 이상적인 계획안이 언젠가는 흔들릴지도 모른다는 두려움으로 가득했다.

2

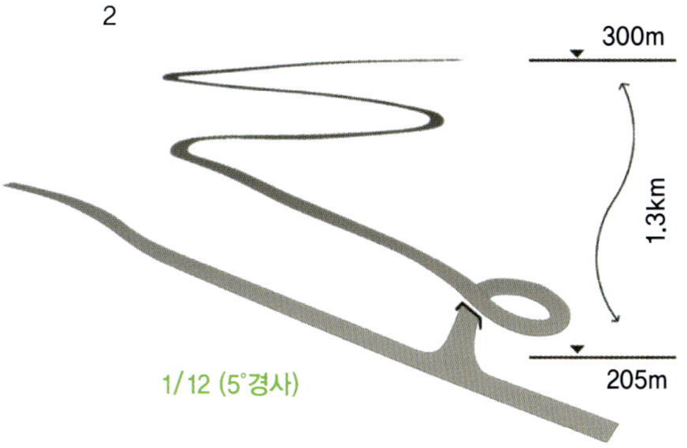

3

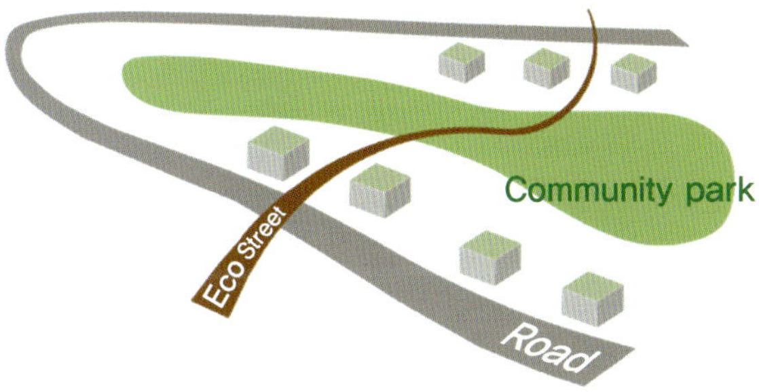

보행로 및 커뮤니티 계획 3

도로에 인접한 주거 배치로 녹지를 최대한 확보하여
산책로 및 커뮤니티 공간으로 계획

절성토량 최소화 4

등고와 지형을 고려한 도로계획
자연지형을 이용한 주동 배치

4

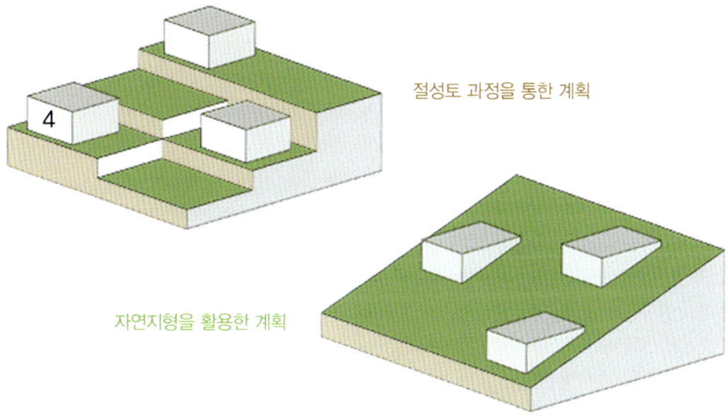

도로계획

건축주 1km가 넘는 8% 경사의 도로. 결코 효율적이지 않고 체계적이지 않으며 눈앞에 보이는 곳을 불편하게 돌아가게 만드는 이 도로를 인정하는 것은 쉽지 않았다. 건축가도 이것만은 양보하지 않았고 두 사람의 주장은 길고 어두운 터널 속을 걷고 있는 듯 불편하게 흘러갔다. 건축가가 불참한 회의에서 효율적이고 체계적인 도로망으로 고쳐보기도 했지만, 그날 저녁에 건축가의 전화를 받았고 그것만은 받아들일 수 없다고 고집을 세웠다.

건축가 한 달 이상을 도로 때문에 건축주와 실랑이를 벌였다. 도로가 너무 넓고 너무 길고, 너무 많은 면적을 차지하고 있다는 것이었다. 혼란스러웠다. 지역주민들이 편안하게 산책하고, 유모차와 전동휠체어가 다니고, 전기자전거가 다닐 수 있는 도로를 만들어야 한다는 생각을 떨쳐버릴 수 없었다. 에너지절약은 사람이 걷기 시작하면서 실현된다는 기본 생각을 놓고 싶지 않았다. 숲이기 때문에 거칠고 경사져야 한다는 것은 숲에서 살 수 있는 사람을 위해서 하는 말이다. 하지만 그 사람도 돌보아야 할 가족이 있고, 그 사람 또한 나이가 들면 길 때문에 산을 떠나야 할 것이다. 나에게 있어 길은 평생을 함께 하는 동반자라고 생각한다. 도로 하나가 누구를 위한 도로인가로 인해 Union, User-friendly를 실현할 수 있다. 따라서 건축주의 요구사항을 들어줄 수 없었다. 이것은 곧 나의 설계 철학이었기 때문이다. 장애인과 약자를 배려하고 에너지를 절약하는 쾌적한 단지를 만드는 일은 건축주를 설득하는 일부터 시작되었고, 그 과정은 결코 쉽지 않았다.

절성토량 최소화

건축주 절성토 최소화 방안은 건축가와 처음부터 의견이 완전히 일치되었다. 기존 전원 주택지처럼 축대를 쌓은 계단식 부지 조성은 절대 안 된다고 했고 건축가는 이 문제를 잘 해결해 주었다. 특히 모든 건축물을 도로에 인접해서 배치한다는 것은 좋은 아이디어였지만 지나치게 길고 넓은 면적을 차지하는 이 도로를 받아들이기가 어려웠다.

건축가 절성토를 최소로 한다는 것은 도로를 만들 때부터 시작해야 한다. 땅을 인위적으로 만들지 않기 위해서 등고선을 찾아 연결하기 시작하였다. 산을 오르는 선을 그린 것이다. 경사도가 높은 숲속이기 때문에 등고선을 따라 계획된 도로를 축으로 주택들이 포도송이처럼 붙어 있다면 주변자연을 최소한으로 훼손하고 더 나아가 절성토량을 줄일 수 있다는 것을 확신할 수 있었다. 하지만 건축주는 여전히 8%의 도로를 인정하려하지 않았다.

종합배치

전체 개요

대지위치

경기도 용인시 처인구 포곡읍 금어리 1번지 일원

대지면적

379,726㎡ (114,867평)

지역지구

자연녹지지역

주요시설

학교, 주택, R&DB / 컨벤션센터, 한옥마을, 요양시설, 카페, 상가

건축면적

26,695㎡

연면적

69,211㎡

건폐율

7.03%

용적률

18.23%

구	분	면적 (m²)	구성비 (%)
주택용지	소계	63,793	16.8
	단독주택	43,499	11.5
	공동주택	20,294	5.3
상업용지		2,674	0.7
R&DB, 컨벤션		20,559	5.4
학교		81,688	21.5
복지시설		23,161	6.1
도시기반 시설용지	소계	187,851	49.5
	도로 및 기타	31,044	8.2
	어린이공원	3,931	1.0
	근린공원	124,921	32.9
	경관녹지	25,032	6.6
	하천	2,923	0.8
계		379,726	100.0
기타	유보지	–	–
총계		379,726	–

U-FOREST

III

온실가스 감축 (탄소저감)

친환경 토지이용

녹색교통체계

자원순환 및 오염량 저감 계획

친환경 토지이용

대안검토 및 선정

LOOP형의 일반적인 토지이용 골격인 〈대안 1〉에서 많은 절성토량이 발생하는 문제점을 발견하고

가능한 많은 세대수를 확보하고자 하는 〈대안 2〉에서 주택의 입지형태가 자연지형을 살리지 못한다는 점을 인지하여

〈대안 3〉 형태의 자연지형을 최대한 고려하여 동선체계를 잡고 R&DB센터의 위치를 중심으로 옮겨 커뮤니티의 중심 역할을 수행하도록 하되

최종 선정안은 메인도로 주변의 밀도를 높이고(Urban area), 경사지형의 밀도를 낮추어서(Forest area) 자연지형을 최대한 살리도록 함

a. 절성토량의 최소화
b. 밀도의 compact화를 통한 인공지반 조성의 최소화
c. 동선의 중심화를 통한 이동거리와 이동량의 최소화

대안 1

배치분석

- 경사를 고려하지 않은 도로계획
- 절성토량이 많음
- 도시형 주거와 같은 획일적 배치
- 블럭별 특성을 고려하지 않은 단지계획
- 세대수 확보 어려움

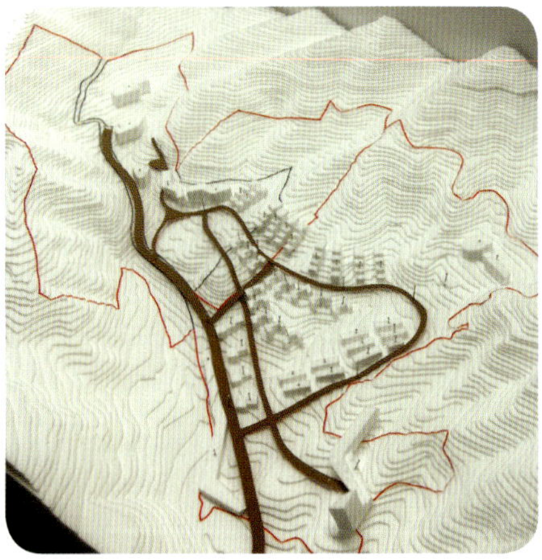

1안

건축주 1안은 여러 가지 문제점이 그대로 보여졌다. 마음에 들지 않았다. 그런데 1안에서 중요한 아이디어를 얻기도 했다. 학교 안으로 마을의 도로망을 끌고 들어가고 일부 건축물이 학교부지 안으로 들어가 있다는 것이다. 외국의 대학캠퍼스나 Community학교들처럼 학교와 마을이 완전히 혼합될 수 있다면 얼마나 좋을까라고 생각했었는데 이 정도라도 연결되면 참 좋겠다는 생각을 할 수 있었다. 그러나 현 제도 상에서 학교 안에 이런 도시계획도로나 학교 외의 시설을 건축하는 일은 불가능한 일이었다.

건축가 건축주로부터 처음 마스터플랜 제안을 받고 건축물을 지형에 맞게 올려본 첫 번째 안이다. 마스터플랜 과정에서 가장 주된 내용은 토지이용계획이었다. 가능한 모든 주택은 남향배치로 하되, 경사지는 테라스하우스, R&DB센터와 커뮤니티 건축물은 단지 초입부에 계획하였고, 계곡을 따라 올라 가장 높은 곳에 교회와 기도원을 배치하는 안이었다. 이 단계에서 도로의 경사도가 매우 심하다는 것을 알고 있었지만 토지이용계획과 건축주의 의도를 끌어내기 위한 마스터플랜 작업이었다.

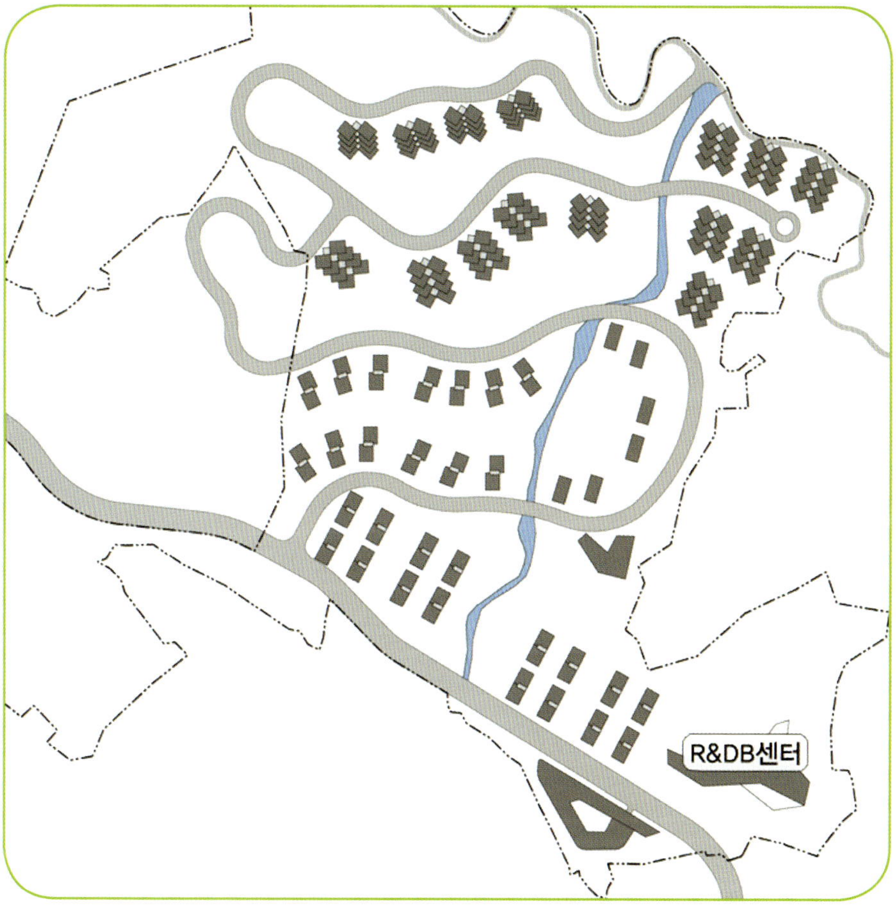

대안 2

▌배치분석

· 많은 세대수 확보
· 채광 및 환기에 불리한 테라스하우스 다수
· 동선의 흐름 및 위계가 불명확한 도로계획
· 메인도로에서 조망 및 개방감 결여

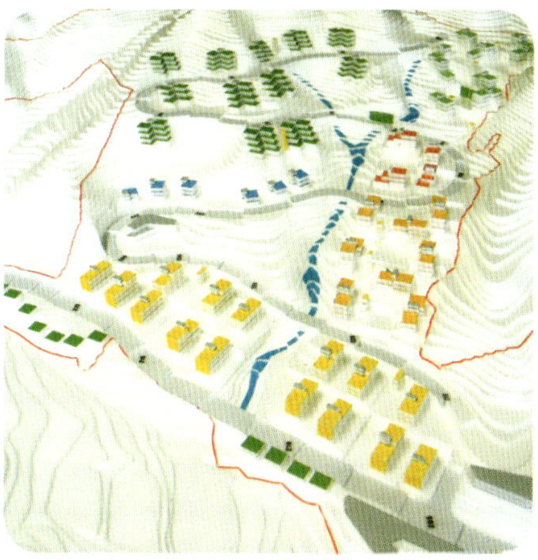

2안

건축주 사업추진을 위한 적정 세대수는 300세대라고 제안했다. 대안 2, 3을 거치면서 300세대는 건축물이 너무 조밀하게 보일 수 밖에 없다는 것에 많이 심각해졌다. 학교건축재원 마련을 위해서 300세대를 양보하기도 힘들었고 그렇다고 이렇게 조밀하게 갈 수도 없다고 생각했다.

건축가 "건축가는 건축주의 연필인가?" 모든 사업이 그렇듯이 사업성이라는 단어 앞에 건축가의 컨셉은 무너진다. 평지였다면 300세대는 아주 간단하게 해결되었을 것이다. 하지만 자연지형의 경사도가 매우 급한 숲속에 300세대를 채우기 위한 계획은 쉽지 않았다. 어려운 게 아니라 원하는 컨셉을 만들 수 없었다는 것이다.

300세대는 숲을 훼손하는 일이었다! 경사지 숲은 온통 테라스하우스로 계획하였고, 초입부 평지에는 저층연립주택을 기계적으로 배치할 수밖에 없었고, 도로의 경사도는 여전히 높을 수밖에 없었다. R&DB센터가 이때까지는 초입부에 계획되었다.
도로계획은 수많은 시도를 통해 이루어졌었다. 1/12을 만족시키는 도로를 만들겠다는 이유로 작업을 했지만 부분적으로 급경사를 이루는 부분이 생길 수밖에 없었고, 그 동선은 너무 길었나.

대안 3

배치분석

- 긴 동선을 이용한 완만한 경사의 도로
- 적정 세대수 확보를 통한 사업성 확보
- 계단식 부지조성으로 훼손면적이 큼
- 메인도로에서 조망 및 개방감 결여
- R&DB센터와 컨벤션 : 도로에 의한 분리

3안

건축주 자연환경을 훼손하지 않고 300세대를 수용하는 안을 건축가가 쉽게 찾으리라고는 생각하지 않았다. 그러나 3안을 보면서 도로를 따라 건물군을 정리하는 방법이 하나의 해결책이 될 수 있을 거라는 긍정적인 생각을 하게 되었지만, 도로는 도시계획도로로 인정받기에는 넓고 길어 보였다. 경사도를 낮추는 일, 숲을 적게 훼손하는 일에는 동의하였지만, 결국 도시계획도로로 인가를 받을 수 있을까라는 두려움과 염려는 계속되었다.

건축가 3안부터 도로의 실체가 드러나기 시작하였다. 넓고 길어 보이는 도로를 따라 주택군을 배치하기 시작했다. 여전히 경사지는 테라스하우스로 가득 찼고, 계곡 오른편은 독립형과 연립형으로 채울 수밖에 없었다. R&DB센터는 분양이라는 이유로 학교와 단지 사이로 배치되게 되었으며, 초입부에는 대형주차장과 원룸이 있는 상가건축물을 설계하였다. 도로경사도 때문에 건축주와 많은 토론과 회의를 하였다. 하지만 건축주는 여전히 불편해 했었다. 그 이유는 여전히 긴 도로와 자신이 제안한 300세대라는 밀도로 인한 숲의 훼손문제였다. 우리는 다시 시작해야만 하는 시점에서 질문을 던졌다. "어떻게 하면 숲속의 주거단지를 만들 수 있을까?"

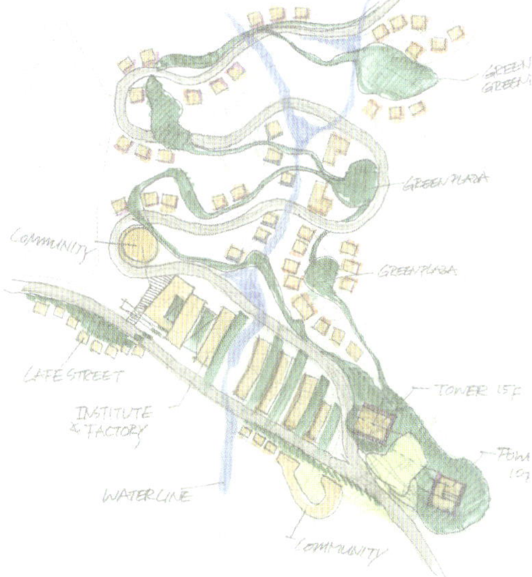

▌타워형 초기 스케치안

최종 배치안

▌배치분석

· 완만한 경사도의 단지 내 도로
· 차별화된 블럭별 특성을 기반으로 계획
· 절성토량 및 훼손면적을 최소화
· 자연과 어우러지는 친환경적 배치
· 메인도로에서 조망, 개방감 확보
· 고층과 원룸형으로 세대수 확보

최종안

건축주 분양관련 전문가, 재원투자자, 환경관련 전문가 등 대부분이 반대하였다. 누가 이 전원에 와서 고층아파트에 살 것인가? 회의적인 의견이 대부분이었다. 그러나 우리는 이 새로운 발상의 전환을 받아들였다. 개발밀도를 높이거나 많은 세대수를 위한 것이 아니었기에 저탄소 저에너지 마을에서 첫 번째 만나는 모습으로 적정하다고 생각했다.

건축가 일주일에 한 번씩 만나 달라는 건축주의 의견을 받들어 교회사무실을 찾았다. 교회 사무실 벽면에 3안을 걸어두고 설명하기 시작했다. 건축주의 얼굴은 어두워져 있었고, 프로젝트를 설명하는 내 자신도 왜 이 프로젝트를 내가 해야 하는가에 대한 회의를 느끼고 있을 때, 지난 밤 그렸던 한 장의 스케치를 회의 마지막 무렵에 잠시 언급할 기회를 갖게 되었다. 이 스케치 한 장이 지금의 결과물을 만들게 된 발단이 된 것이다. 텅 빈 숲 속에 점형의 주택 그리고 숲 속의 그린타워에 대한 컨셉을 설명해 가면서 이제는 타워형 주동도 에너지 절약형으로 지어져야 한다고 제안했다. 그리고 가능하다고 했으며, 도심이 아닌 숲에 고층 주거동은 숲의 향연을 즐길 수 있는 건축물 형태라고 제안했다. 숲은 숲답게, 훼손된 지역은 도시답게 만들자는 컨셉이 건축주의 마음을 어루만지고 있었다.

Urban-Forest 공간 구조

공간 구조의 차별화를 통한 숲마을의 특색 유지

주접근로 주변에(Urban) R&DB센터와 고층 APT를 입지시키고, 경사지 주택단지의 밀도를 낮추어 숲마을의 모습을 유지하도록 계획

숲은 숲답게, 도시는 도시답게

- **밀도** : Urban area의 밀도를 높여, Forest area의 마을숲 형태 유지 가능
- **주택유형** : Urban area에 타워형 그린주택을, Forest area에 독채형을 배치
- **커뮤니티 시설** : R&DB 근처에 커뮤니티 시설을 집중하여 중심성을 확보하고 Forest area는 분산입지시켜 이용의 편의성 도모
- **접근로** : Urban area의 입구는 집중형으로 이용성을 높이고, Forest area는 독립형으로 하여 거주의 쾌적성을 도모
- **에너지 저감** : Urban area는 최대한 태양전지판을 설치하되 부족한 에너지는 지열과 수소연료전지를 활용하고, Forest area는 태양전지판을 세대별로 최대한 확보하고 벽면은 녹화하여 에너지 절감

R&DB 예정지역

- 기존 축사 지역으로 토양이 오염되어 있는 상태

a. Urban area의 compact화를 통한 이동량 최소화
b. 신·재생에너지를 통한 에너지 절감
c. 벽면녹화를 통한 에너지 절감

▌차별화 영역계획

● LEED ND 항목

1. Smart Location & Linkage	도시계획 중 대지와 관련항목
Credit 1	Brownfield Redevelopment 오염된 부지 재사용 유도
Credit 3	Preferred Location 환경과 공공의 이익에 악영향을 미치는 확장 개발을 막고, 기존 시내, 교외 그리고 타운을 개발토록 유도. 즉, 기존 인프라를 시공 및 유지관리를 잘 할 수 있도록 재정 및 지역자원을 보존

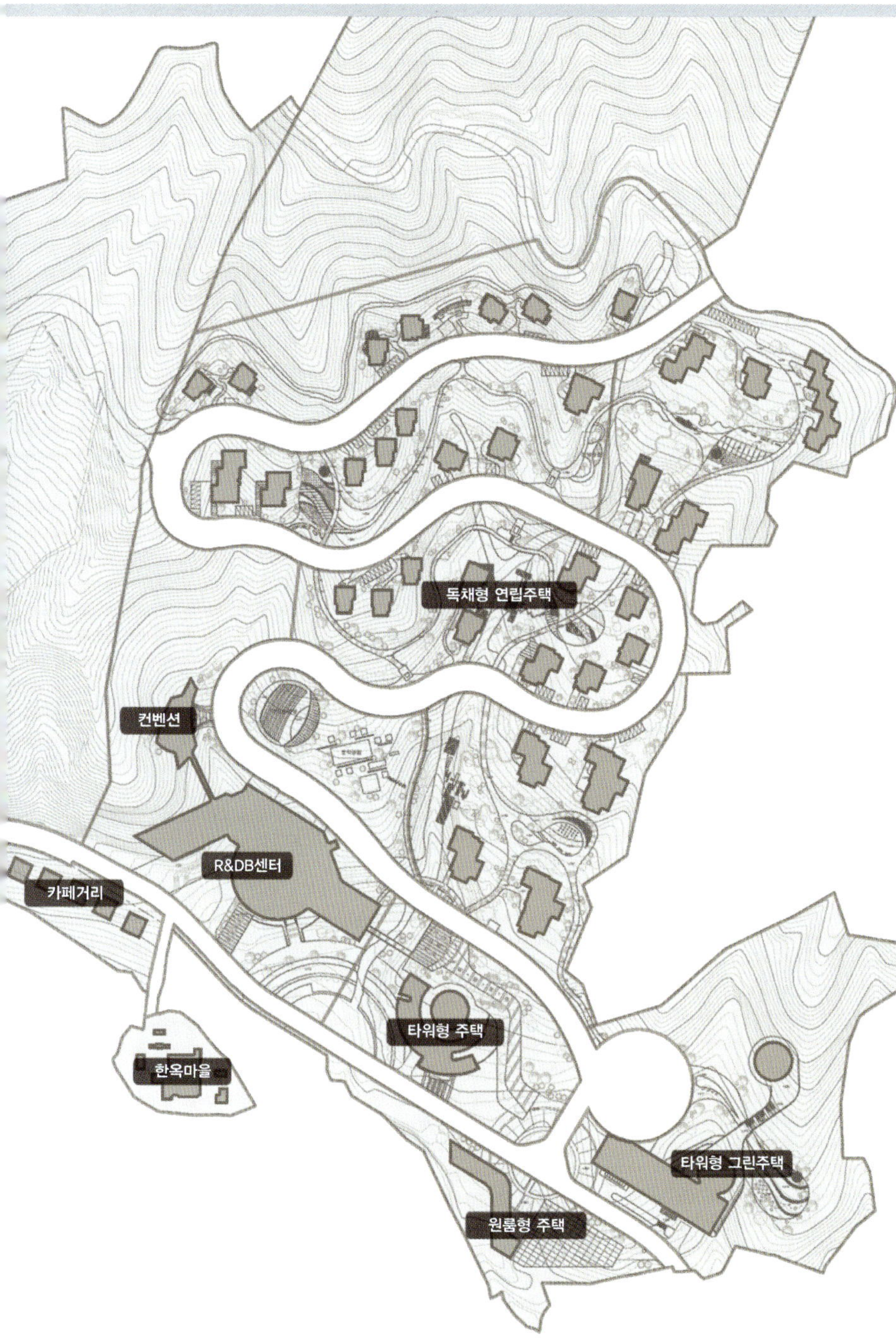

복합용도의 시설 배치

직주(職住)근접

- 뉴어바니즘과 신근린주구 이론의 기본이 되는 것은 직주근접이며, 이는 인간의 정주지 활동에서 탄소를 저감할 수 있는 가장 기본적인 요소이므로 이를 적극적으로 실현
- 숲마을과 가장 잘 조화될 수 있는 기능인 친환경 및 생태, 건강 관련 R&DB센터와 컨벤션센터를 입지시켜 U-Forest 마을 안에서 많은 활동이 이루어지도록 유도

학주(學住)근접

- 근린주구 이론이나 신근린주구 이론에서 기본이 되는 것은 학교가 도보권에 입지하는 것이며, 학생과 학부모의 활동거리를 줄이는 것은 탄소저감에 큰 역할을 할 수 있음
- 한밀숲학교는 기본적으로 통학을 전제로 하지만, 생활기숙사를 운영하는 학교이므로 통학량을 줄일 수 있으며, 초중고 12년의 장기적인 교육기간을 운영하므로 많은 가정이 U-Forest 마을에 거주하게 되어 학생들의 통학과 학부모의 활동거리가 대폭 줄어들 것임

세대간의 복합과 계층간의 복합

- 세대간, 계층간의 단절과 공간적인 분리가 현대 도시문제의 하나가 되었지만, 이를 해결할 수 있는 방안은 쉽지 않은 문제로 인식되고 있음
- 학생(유년~청소년) ↔ 교사(청년~장년) ↔ 노년(노인복지시설)으로 이어지는 활동공간의 조성은 이를 해결할 수 있는 좋은 대안임
- U-Forest 마을에서는 주택의 구성을 R&DB센터 및 컨벤션 시설의 커뮤니티 시설을 중심으로 원룸형 주택 ↔ 타워형 그린주택 ↔ 독립형 연립주택으로 다양화하여 세대간, 계층간의 복합을 자연스럽게 유도

건축주 스케치안이 정리되면서 직주근접형 단지로 서서히 자리매김 되어가고 있었다. 사업초기부터 이 단지의 성격을 Mix의 개념으로 생각해 왔었지만 이렇게 잘 정리되리라고는 생각하지 못했다. 일터-삶 처음부터 Mix의 개념을 생각했지만 이렇게 잘 정리되리라고는 생각하지 못했다. 일터 – 삶의 터 – 배움의 터가 묶여지고, 세대간, 계층간에 함께 할 수 있다는 것은 다분히 Utopia적인 발상이라고 생각했는데 U-Forest 마을에서 이것이 가능해질지도 모르겠다는 생각을 갖게 되었다. 가능성을 높인 것은 '학교'가 중심이 되었다는 점이다.

다만 건축가는 R&DB센터가 단지 초입에 있어야 한다고 주장했었지만, 분양성 이유로 단지 중심에 배치해 달라는 요청을 할 수 밖에 없었고, 건축가는 어렵게 수용하는 듯했다.

건축가 건축주가 이렇게 쉽게 스케치안을 받아들일 것이라고는 생각하지 못했다. '숲은 숲답게, 도시는 도시답게'라는 모토가 숲은 보호하고, 이미 훼손된 대지는 재생을 목표로 최소의 건축면적으로 최대의 연면적을 확보해야 한다는 주장을 수용해 주신 것이다.

숲 속에서 자신의 존재를 부각시키지 않는 독채형 연립주택과 타워형 그린주동은 상반된 형태이다. 하지만 이 단지 내에 들어오게 될 다양한 계층, 직업, 연령을 배려한다면 일괄된 형태의 건축물은 삶의 질을 확보하지 못할 것이다. 타워형 그린주거동 내에는 R&DB센터의 연구원들이 돌보는 식물공장도 기획해야 한다고 제안하였다. 이는 서북향 세대를 선호하지 않는 우리나라 상황에서 주거와 21세기의 새로운 학문이 서로 융합할 수 있다는 가능성 그리고 R&DB센터의 연구와 연구결과를 직접 실험할 수 있는 실험실을 고층건축물에 유치할 수 있다고 믿었기 때문이다. 드디어 계획안은 하나의 방향을 잡고 차분히 진행되어질 수 있었다.

탄소 저감 CO_2

a. 직주근접에 의한 통행량 최소화
b. 학주근접에 의한 학생 통학량 및 학부모 통행량 최소화
c. 세대간, 계층간 복합을 통한 통행량 최소화

● LEED ND 항목

1. Smart Location & Linkage	도시계획 중 대지와 관련항목
Credit 6	Housing and Jobs Proximity 직장 그리고 다양한 커뮤니티 시설과 근접할 수 있도록 유도
Credit 7	School Proximity 주거지 근교 학교 계획 유도

탄소저감 주택 배치

지형에 따른 도로와 주동 배치

절성토를 최소화하는 도로선형을 계획하고 일반적인 격자형 단지 배치 형태를 지양하고, 지형을 따라 건축물을 배치하여 자연지반을 최대한 보존

지형에 따른 도로 / 주동 배치

– 절성토의 최소화

모든 주택의 남향 배치

채광과 조망을 고려하고 태양에너지를 최대한 활용할 수 있도록 모든 주택을 남향으로 배치

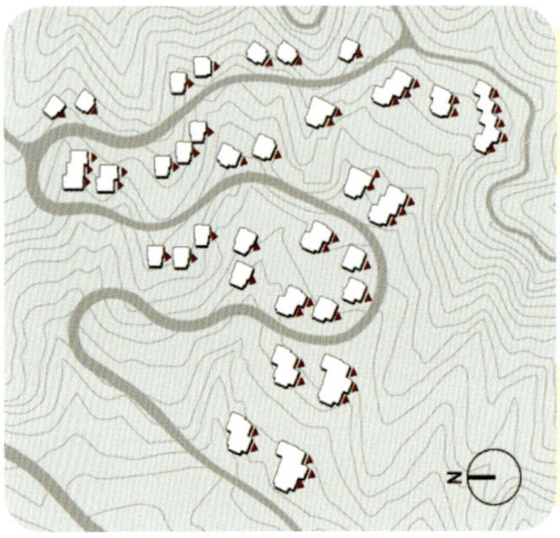

남향 배치

– 채광 확보, 조망을 고려한 배치

도로에 인접한 주동 배치

도로에 인접하여 건축물을 지형에 순응하도록 배치함으로 마을숲을 최대한 보존하며, 소방도로는 최소화하고 접근 편의성은 최대화 함

a. 절성토 최소화를 통한 절감
b. 남향 배치에 의한 에너지 절감
c. 인공지반 최소화를 통한 절감

도로에 인접한 주동 배치

– 개발면적을 최소화하여 보존 녹지면적 최대화
– 접근 편의성 확보
– 소방도로 최소화

건축주 건축가에게 커뮤니티를 형성하는 중정형의 클러스터 형태의 주택블럭을 만들자고 제안했지만, 건축가는 그 제안은 중정 자체가 평지가 되어야하므로 오히려 산을 훼손하는 계획안이라며 반대하였다. 그리고 모형을 만들어서 이 사실을 증명해 보였다. 일반적으로 토지이용계획을 먼저 수립하지 않고 오히려 도면과 지형모형을 통해 주택을 먼저 배치하는 접근방안이 U-Forest를 만드는데 큰 역할을 하였다. 그래서 찾아진 것이 도로에 인접한 주동배치이고, 이것으로 지형을 보존하면서 주택을 배치하는 방안을 찾고자 하였다. 향 문제로 걱정도 하였지만 이 방안을 채택하면서 그 문제도 자연스럽게 해결되었다.

건축가 건축주는 클러스터 형태의 주택배치를 선호하고 있었다. 클러스터형의 커뮤니티를 만드는 것이 주민 간의 대화와 소통이 가능하다고 믿었기 때문이었다. 그러나 이러한 숲속에서의 커뮤니티는 작은 산책길과 메인도로변의 작은 알코브 공간들에서 만들 수 있다고 생각했다. 지형을 인정하고 건축물을 배치하는 작업부터 시작하였다. 모든 주택의 주출입구는 1층이라는 선입견을 없애야 했다. 1층일 수도, 지하일 수도 그리고 옥상에서 접근할 수 있다는 전제는 지형에 대한 존중이었다. 또한, 에너지 절약형 주택은 남향 배치에서부터 시작하므로 도로를 따라 필지를 구획하면서 주택 모두를 남향으로 배치하였다. 하지만 전체 숲을 필지로 구획하지는 않았다. 왜냐하면 주택이 들어서는 자리 외에는 절대 훼손하고 싶지 않았기 때문이다.

바람 통로의 조성

▌주풍향 바람의 진행경향과 냉기류의 이동경로

- 국지적인 풍향의 특성은 지형의 영향을 크게 받음
- 남동풍이 우세함

주거 대기환경의 어메니티(Amenity) 제고

- 대기오염물질의 정체와 열섬현상을 최소화하기 위해 바람 통로 조성

주풍향을 차단하지 않는 주동 배치

- 공기의 생성-유입-확산의 과정을 거치는 대기의 흐름을 차단하지 않도록 주풍향을 분석
- Forest area에서는 점형 주택을, Urban area에서는 타워형 주택을 배치
- 한밀숲학교에서도 서향, 남향의 주풍향을 차단하지 않도록 건축물 배치하고 소형풍력기 설치

수변공간과 녹지와 연계되는 바람 통로

- 보존수림 녹지에서 신선한 공기를 형성하도록 하고,
- 유입지역에서 수변공간과 공원 등으로 바람이 흐르도록 하며
- 확산지역의 메인광장에서 신선한 바람이 확산되도록 연계

탄소 저감 CO_2

a. 열섬현상 방지로 인한 냉방에너지 절감
b. 대기오염물질 저감으로 인한 절감
c. 풍력기에 의한 에너지 절감

▌바람길과 녹지축 연계 모식도

- 공기의 생성-유입-확산의 과정을 거치는 대기의 흐름에 따른 주택 유형 배치

공기생성지역 (신선한 공기 형성)	유입지역 (저층주거지)	확산지역 (고층타워)

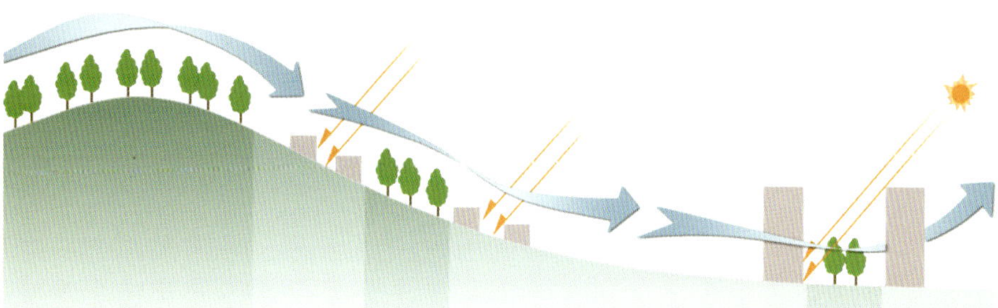

보존수림	커뮤니티 FOREST(점형 주택)	메인광장 URBAN(타워형 주택)

건축주 경사도가 높은 지형은 지형을 고려한 테라스하우스 형태의 주택을, 산 아래는 연립형 5층 주택을 계획하는 것으로 세대수를 확보하려고 하였으나, 군집형 테라스하우스보다는 점형 독립형 주택으로, 연립주택보다는 인동간격이 넓은 타워형 건축물 설계를 하는 것이 오히려 건축물 자체가 좀 더 쾌적해 질 수 있을 거라는 생각을 하게 되었다. 왜냐하면 미처 생각하지 못했던 바람과 공기가 집안 가득할 수 있을 거라고 확신했기 때문이다.

건축가 테라스하우스와 연립형 주택이라는 주거유형을 배제하였다. 특히 군집형 테라스하우스는 집안 내에서 공기순환이 잘되지 않기 때문이다. 또한 경사가 심한 숲을 개발해야 하는 상황에서 바람의 흐름을 간과할 수 없었다. 따라서 산등성이는 점형 독립형 주택을 배치하고, 산 아래에서는 밀도가 높은 연립형 보다는 타워형 주택을 배치하였다. 이는 자연현상을 배려하는 배치계획이었다. 건축주는 테라스하우스를 배제한 배치계획에 당황하였지만, 오히려 그 이유를 관심을 갖고 들어주기 시작하였다.

녹색교통체계

동선체계

●LEED ND 항목

1. Smart Location & Linkage	도시계획 중 대지와 관련항목
Credit 4	Reduced Automobile Dependence 자동차 사용을 줄이고 가능한 대중교통으로의 유도. 자동차에서 나오는 매연 및 기타 오염물질들은 도시의 온실가스 발산, 대기오염 등을 야기시키며 사람들에게 해로운 영향을 미침
2. Neighborhood Pattern & Design	도시계획, 교통관련 항목
Prereq 1	Walkable Streets 차량이 달리는 거리를 줄여 교통의 효율성을 증대시켜, 안전하고, 편안하고, 보기도 좋으면서 걸어 다닐 수 있는 도로환경을 조성하여, 일상적으로 운동을 할 수 있도록 유도하고 또한 보행자의 사고를 경감시켜 공공의 건강을 도모

▌교통흐름 체계 및 교통시설 위치도

건축주 수평으로 난 주도로와는 달리 산책길이자 등산로가 될 수직 보행로가 없다는 사실이 마음에 걸렸다. 보차 분리의 개념이 당연히 적용될 것이라고 보았는데, 건축가의 생각은 달랐다. 이 단지의 주도로가 바로 보행을 위한 도로라는 것이다. 처음에는 이 발상을 받아들이지 않고 회의 때마다 계속 수평적인 도로동선과 분리되는 수직적인 녹지축과 보행축을 만들어 달라고 줄기차게 요구했다. 몇 차례 회의에서의 논쟁 끝에 건축가는 단지 내에 많은 녹지들의 연결과 보행도로를 구상해 주었다.
수직 동선이 그려진 도면을 보고 그제서야 수직전용 보행동선만으로는 단지 내 동선체계가 이루어질 수 없다는 사실을 깨닫게 되었다. 따라서 주도로는 8%의 경사로를 유지하여야 하였다. 이 도로는 차량을 서비스하고 있지만, 주목적은 쾌적한 보행과 숲의 훼손을 최소화시키는 도로였던 것이다.

건축가 길을 따라 주택을 배치했기 때문에 도로는 차도이면서 보행로여야 했다. 보차 혼용도로가 아닌, 차도와 보행로를 구분하여 계획하였다. 자전거길, 가로수 식재 공간도 마련했다. 비록 차와 함께 걸어야 하지만, 쾌적한 8% 경사도를 가진 보행로를 만들고자 하였다. 건축주는 수직의 산책로를 원했고, 사람들은 그곳으로 다니길 원할 것이라고 했다. 산을 좋아해서 산으로 온 사람들에게는 적당한 길일 수 있겠지만, 전기자전거, 전동휠체어, 어린아이, 임산부 그리고 연로하신 어른들이 다닐 수 있는 길은 주도로여야 했다. 지름길을 원하는 사람들을 위해 소로의 산책길을 계획했지만, 단지 내에 버스정류장이 있는 숲속 마을의 정경은 에너지를 절감하는 또 하나의 풍경으로 각인될 것이다.

● LEED ND 항목

1. Smart Location & Linkage	도시계획 중 대지와 관련항목
Credit 5	Bicycle Network and Storage 자동차를 타고다니는 거리를 줄이고 교통의 효율성 및 자전거의 활용 증대

지형을 고려한 도로 조성

- 지형 및 등고를 고려한 도로 조성으로 절성토를 최소화 하도록 계획
- 전 구간에 걸쳐 낮은 경사도(8%)를 유지하며 회전반경 및 여유공간을 고려하여 계획

친환경 녹색교통 실현

- 전 구간에 실개천, 조경공간, 자전거 도로를 조성하여 친환경 녹색교통을 실현

대중교통 이용의 활성화

- 단지의 입구에 위치하는 공용주차장의 이용을 권장하고, 단지 내부에서는 자동차 이용을 자제하는 친환경적 Green Life Style을 유도
- 전기자전거와 셔틀버스의 적극적인 이용이 가능하도록 계획하여 대중교통 이용을 활성화하면서 이와 동시에 탄소저감효과를 유도

탄소 저감 CO_2

a. 낮은 경사도에 의한 에너지 절감
b. 자전거 이용에 따른 에너지 절감
c. 대중교통 이용에 따른 에너지 절감

건축주 이곳은 물이 많은 곳이다. 그러나 지표수는 급한 경사지형으로 인하여 머무르는 시간이 적었다. 단지 내에 실개천을 두어야 한다고는 생각했지만, 실개천의 선형을 임의로 만들면 또 다른 훼손을 불러오기에 어떻게 해야 할지 막막했다. 그러나 건축가는 주도로를 따라 실개천이 흐르도록 하였다. 8% 경사를 고집했기에 가능한 것이었지만, 그 마저도 물에게는 급경사라고 생각했다.

건축가 도시에서의 실개천은 평지이기에 물이 고여 있을 수 있다. 하지만 숲속에서의 실개천은 경사도 때문에 고일 수 없다. 이 마을에 도로를 따라 실개천이 흐르도록 계획한 이유는 365일 찰랑거리는 개천을 만들겠다는 생각보다는 우기에는 산으로부터 내려오는 빗물의 속도를 줄이기 위함이고, 평상시에는 계곡물 유속을 줄이기 위함이었다. 또한 이곳으로 건축물에서 모은 빗물과 도로 표면수를 흐르도록 하였다. 실개천 사이사이에 우수조를 만들어 주면 주변 주택가 앞의 작은 나무와 꽃들에게 나눠 줄 단물도 될 것이다.

▌도로 단면 구성도

보행자 도로의 활성화

실개울과 함께하는 남북보행로

- 셔틀버스(하이브리드 전지차)+전기자전거+실개울이 함께하는 녹색도로 개념
- 경사 8% 이내의 평탄한 숲길 조성
- 탄소흡수량이 높은 가로수 식재
- 도로 설치 이전의 비오톱 공간을 보존하여 연계

● LEED ND 항목

2. Neighborhood Pattern & Design	도시계획, 교통관련 항목
Credit 8	Street Network 대중교통과의 연계가 잘 될 수 있는 프로젝트 및 교통망 개발유도
Credit 11	Access to Surrounding Vicinity 인근주변으로의 접근

보행자 동선 계획

건축주 수직 보행동선을 확보해 달라고 강력히 요구하였다. 가까운 거리를 돌아가는 주도로의 단점을 보완하고 싶었고, 수직방향의 물길과 인접한 보행 동선을 따라 수 공간에 쉽게 접근할 수 있으면 좋겠다고 생각했다. 그러나 수직적으로 편한 보행환경을 만들기에는 경사도의 극복이 쉽지 않아 보였다.

건축가 건축주는 8% 경사를 가진 긴 주도로를 수직으로 종단하는 작은 보행로를 만들어 주길 원하였다. 따라서 4차 초기스케치에서 각각의 클러스터마다 작은 비오톱이 존재하도록 하였기에 수직으로 종단하는 작은 숲길은 비오톱을 지나 산 정상을 향하도록 계획하였다. 숲길을 따라 단지 아래로 내려오면 오픈스페이스와 만나도록 하였고, 그 길이 숲속에 사는 사람들의 산책길이자 출근길이 될 수 있도록 계획하였다. 숲 속에서 급경사를 극복해야 하는 곳에만 목자재 사용을 고려하였고, 나머지는 자연노면을 그대로 활용하였다. 숲길을 거니노라면 뜻하지 않는 곳에서 작은 엘리베이터를 만나게 되는데, 이는 숲의 정경을 바라보는 작은 수직 노드점이 될 것이다. 수직 엘리베이터를 숲속에 계획하였다는 의견에 깜짝 놀라던 건축주의 얼굴이 지금도 생생하다.

● LEED ND 항목

2. Neighborhood Pattern & Design	도시계획, 교통관련 항목
Credit 14	Visitability and Universal Design 연령, 성별, 장애유무와 관계없이 다양한 사람들이 공공활동에 쉽게 참여할 수 있는 시설 계획하여 더 넓은 활동범위를 유도

수변공간과 공원을 연결하는 동선 Green Way

- 수변공간–공원–주택을 연결하는 수직적 보행로
- 보행자 동선을 따라 블록별로 주제 공원 조성
- 급경사지 극복을 위한 목재계단(폐목재 재활용) 및 엘리베이터 설치

1

2

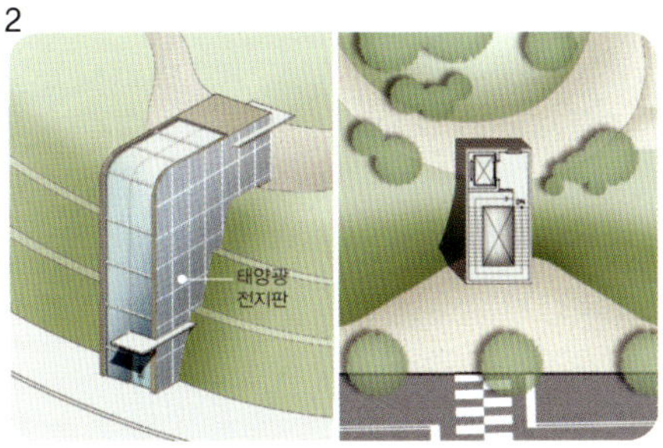

3

4

● 동서 보행로 단면계획
- 급경사극복계단(홍수 방지대책)
- 폐목재 사용(지역자재 재활용)

● 남북 보행로 단면계획
- 평탄한 길 숲길(biotope 보존)

▌녹지연계 옥외공간계획 1

- 보행자 동선을 따라 블럭별 공원 조성
- 클러스터별로 쉼터와 휴게공간 제공

▌엘리베이터 코어 2

- 급경사의 극복을 위한 엘리베이터 코어 설치
- 자전거 이용자도 이용가능한 대형 엘리베이터
- 태양전지판 설치 및 필요전력생산
- 무장애 공간 유도

▌Urban Zone 옥외공간 배치개념 3

- 메인도로 동선을 따라 건축물 사이공간에 반복적 오픈스페이스 조성
- 오픈스페이스로 부터 수직 보행자 연결통로 연결
- 쾌적한 보행영역 확보
- FOREST 단지로의 단계적 경관축 생성

▌보행로 단면계획 4

탄소 저감 CO_2

a. 단지 내 자가용 차량 통행거리, 통행량 절감
b. 자연적 지반 보존에 따른 에너지 절감

자전거 도로의 활성화

• 자전거 중심도로

- 경사 8% 이내의 주택지 내부 S자형 주요도로를 자전거 중심도로로 설치
- 경사지를 감안하여 전기충전식 자전거를 사용할 수 있도록 시스템을 구축하여 남녀노소 누구나 지형으로 인한 자전거 이용의 어려움을 해소
- 자전거 운행이 안전할 수 있도록 차량제한속도 규제 강화와 과속방지턱, 교통정온화기법 같은 물리적 규제방안 마련

▌자전거 도로 체계

● LEED ND 항목

2. Neighborhood Pattern & Design	도시계획, 교통관련 항목
Credit 9	Transit Facilities 대중교통에서 자전거로의 환승이 가능할 수 있도록 안전, 편리, 안락한 환승장소 계획

탄소 저감 CO_2

a. 단지 내 자가용 차량 통행거리, 통행량 절감
b. 대중교통 연계 활성화에 따른 에너지 절감

자전거 이용이 편리한 공간 구조

- 결절점 곳곳에 자전거 보관소를 설치하여 언제 어디서나 자전거 이용이 편리하도록 공간 구성
- 공동 이용이 가능한 자전거 보관시설과 태양열을 이용한 충전시스템을 구축하여 모든 공간에서 승하차가 사실상 자유롭고 도난을 예방하는 RFID(Radio Frequency Identification) 운영관리시스템 도입
- 각 세대당 1대의 자전거 주차공간(충전공간)을 설치하여 자전거 이용 활성화 도모

건축주 자전거 통행이 매우 중요하다는 건축가의 생각을 처음에는 이해하지 못했다. 8% 경사도로도 자전거 통행을 전제로 한 것이었다. 자전거 통행이 전체에 이렇게 큰 영향을 주는 요소인가? 라는 의문이 들었다. 나중에서야 자전거 통행의 활성화가 여러 가지 면에서 마을의 녹색생활을 이끄는 중요한 요소가 되겠구나라는 생각이 들었다.

건축가 녹색마을의 기본은 보행로이다. 그 다음으로 중요한 교통수단은 자전거라고 할 수 있다. 8%도 실질적으로 일반 자전거를 타기에 경사가 급하다고 할 수 있다. 따라서 다음으로 제안한 사항은 전기자전거였다. 곳곳에 자전거 보관소를 설치하고, 자전거도로를 보행자도로와 분리하여 설계하도록 하였다. 단지 초입 대형 주차장에서 차를 주차하고 자전거를 타고 숲속의 집으로 가도록 하는 번거로움이 녹색마을을 지속가능하도록 만들 것이라고 확신하였다.

자전거 보관소

자전거 거치대(태양광 충전)

직장 내 자전거 편의시설 조성 예시

자전거 무인시스템

자전거 도로 단면도

대중교통 이용의 활성화

단지 진입부의 대중교통 이용을 위한 배려

- Urban area에서 Forest area로 진입하는 부분을 원형 램프화 하여 1차적으로 대중교통을 이용한 세대당 접근을 생각해 볼 수 있도록 유도
- Forest area에 진입하는 차량은 각 세대당 1차량(하이브리드 차량 등)만 가능하도록 차량 등록
- 충분한 공용주차장을 확보하고 즉시 전기자전거나 하이브리드 셔틀버스를 이용할 수 있도록 배려
- 인근 경전철역(둔전역, 보평역)까지 셔틀버스 연장 운행

▌교통흐름 체계 및 교통시설 위치도

● LEED ND 항목

2. Neighborhood Pattern & Design	도시계획, 교통관련 항목
Credit 6	Reduced Parking Footprint 주차공간을 축소하고 보행자 중심의 오픈스페이스를 확보

탄소 저감 CO_2

a. 단지 내 자가용 차량 통행거리, 통행량 절감
b. 대중교통 연계 활성화에 따른 에너지 절감
c. 주택과 일터의 주차공간 겸용에 따른 주차공간 건설공사 및 운영비 절감

1

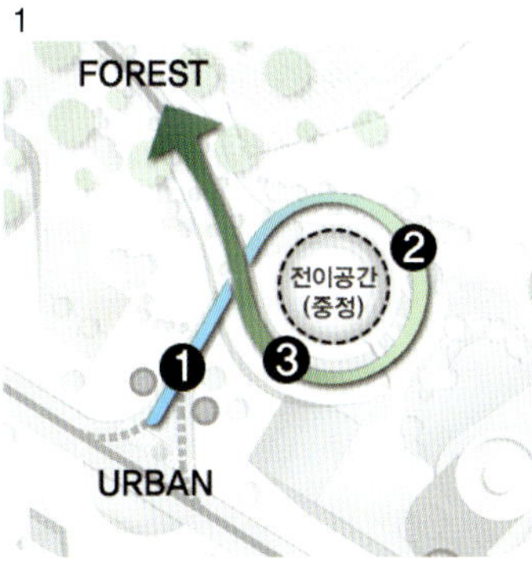

2

3

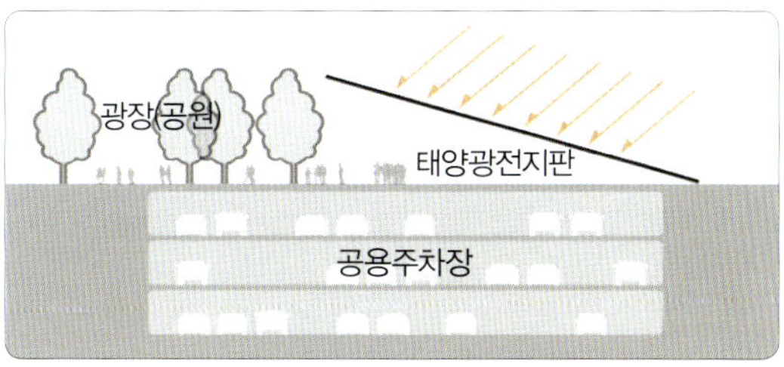

단지 내부의 대중교통 이용을 위한 배려

- 각 세대당 1대의 주차공간만 허용
- 셔틀버스 이용이 편리하도록 차량과 정류장 관리

편리하고 충분한 공용주차장 시스템 구축

- Urban area의 지하주차장과 R&DB의 지하주차장을 주야로 교대 이용 가능하도록 하여 500대의 충분한 주차공간 확보
- 주차 즉시 내부 셔틀버스나 전기자전거를 이용할 수 있도록 시스템 구축

진입램프계획 1

- 램프를 통과하며 도시에서 숲으로의 진입을 느낄 수 있는 조망 시퀀스

URBAN → FOREST

셔틀버스정류장 2

- 대중교통 이용 장려를 위한 단지 내 셔틀버스 운행

공용주차장 3

- 단지 초입에 쾌적한 공용 지하주차장 계획
- 공용 지하주차장 상부 공원 및 태양열 전지판 계획(주택 내 전력공급)
- FOREST로의 자동차 진입 최소화, 환승시스템 적용
- 연구단지와 주택단지가 주야로 교체 이용 가능한 시스템 적용

건축주 세대당 주차장은 1대만 구획하고 가능한 많은 주차를 마을 입구 공용주차장에서 하도록 한다는 계획을 받아들이는 것은 매우 어려웠다. 이 불편을 감수하고 이런 주택을 매입할 사람이 얼마나 있을지? 혹 매입하더라도 입주 후에 분명 잘 지켜지지 않을 것이라고 생각했다. 그러나 이 안을 수용했다. 기본적인 것, 작은 것을 중요시 하는 한밀숲학교 정신처럼 U-Forest 마을에도 이런 주거문화가 정착되었으면 하는 바람으로….

건축가 추운 겨울, 비오는 여름 전기자전거로 갈아타고 자신의 집으로 들어갈 사람이 있을까? 분명 지켜지기 어려울 것이다. 하지만 인류와 자연을 위한 건축가의 이기심이자 욕심은 녹색단지를 싹틔울 자극이 될 것이다.

자원순환 및 오염량 저감 계획

수순환 체계

• 물순환 체계(Blue network)의 구축

- 빗물배수로, 저류시설, 침투시설, 친수공간, 중수도 등을 연계하여 물순환체계를 구축하고 수자원을 효율적으로 관리 및 이용
- 친환경적인 하수처리 방식

• 분산형 우수관리를 통한 자원 절감

- 단지 내부순환도로를 따라 실개천을 조성하여, 빗물자원을 활용한 열섬현상 방지 등 미기후 조절
- 쾌적한 환경(Amenity) 제공 및 집중 강우시 본류 하천의 부담을 줄이는 역할

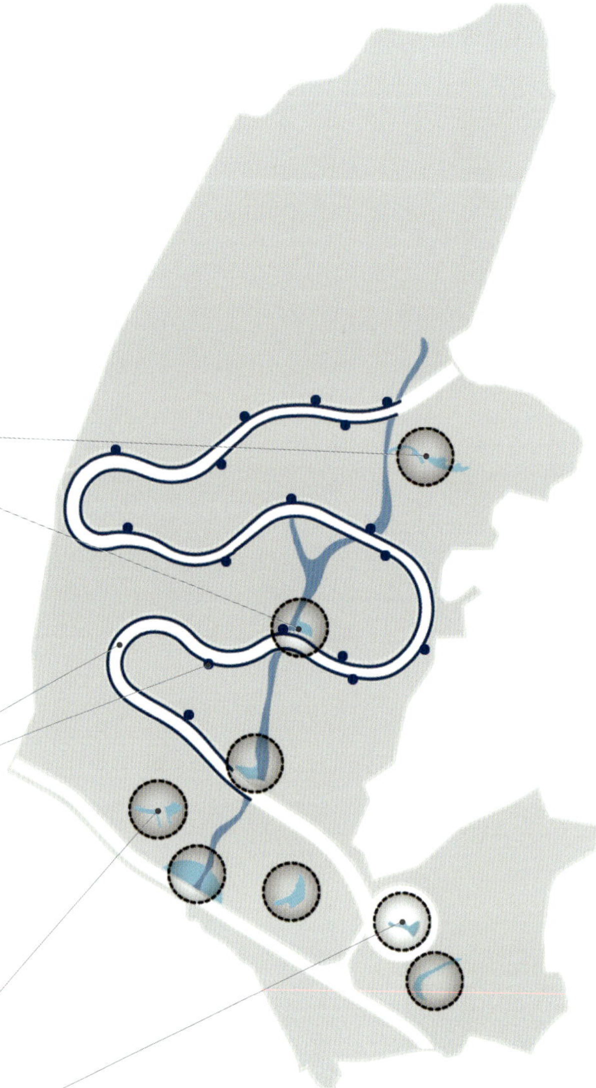

1 비오톱/친수공간(홍수방지대책)

- 도로와 물길의 교차점에 저류지 계획
- 생물서식 환경조성(습지조성)
- 홍수시 유속저감(도로침수방지)

2 실개천

- 분산형 우수관리
- 열섬현상 방지
- 조경효과

3 폐수처리

- Living Machine 적용가능 검토
- 정원용수, 화장실 등에 사용

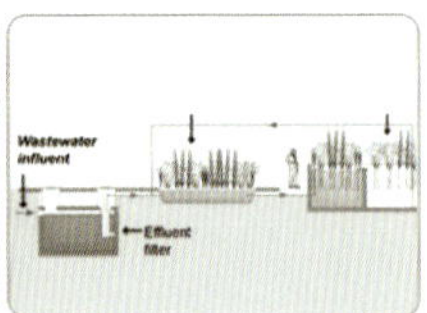

탄소 저감 CO_2

a. 빗물자원의 효율적 활용을 통한 탄소 절감
b. 친환경적 하수처리를 통한 하수처리 에너지 절감
c. 단지 내 미기후 조절을 통한 에너지 절감

▌쓰레기 자동수거시스템(Urban 지역에 도입)

– 지하에 매설된 압송관로를 통해서 자동집하 시설로 쓰레기를 수거하는 방식

쓰레기 자동수거 시스템

지하 이송관로를 통한 자동이송 처리체계의 구축

- 배출되는 쓰레기를 투입구에서부터 집하장까지 지하 이송관로를 통하여 자동이송 처리하는 깨끗하고 편리한 친환경적 시스템
- 쓰레기를 수거하고 운반하는 과정에서의 공해문제를 해결, 쾌적한 환경을 조성하며 청소차의 미운행으로 탄소 절감의 효과
- 쓰레기의 수집이나 중간집하를 위한 부지가 불필요하여 효율적인 토지이용 가능

쓰레기 발생량이 상대적으로 많은 Urban 영역을 중심으로 시스템 구축

- 자원이용의 효율성을 제고

탄소 저감 CO_2

a. 수거 및 청소 차량의 미운행을 통한 탄소 절감
b. 쓰레기 수집 및 중간 집하시설 청소용 물 절약
c. 효율적인 시스템 운영으로 자원 절약 실현

▌음식물 쓰레기 처리

–자연처리 방식으로 퇴비화하여 텃밭 등에 이용
–텃밭에 사용하는 물을 우수조에서 조달함

건축주 쓰레기 문제도 녹색마을에서 상당히 상징적인 계획요소라고 생각했다. 건축가는 이 문제를 쓰레기 수거와 운반은 최대한 편리하도록 배려하였고, 반면에 음식물 쓰레기 처리에 있어서는 상당한 불편을 감수하는 방안으로 풀었다.

건축가 쓰레기 자동수거는 Urban Area에서 가능할 것이다. 비교적 평탄한 지역이기 때문이다. 하지만 Forest Area에서는 차량을 통한 쓰레기 분리수거만이 가능할 것이다. Forest 내 음식물 쓰레기는 주택 내 바이오 퇴비처리를 통해 자연처리 방식으로 퇴비화하여 텃밭에 사용하도록 하였다. 땅속을 후벼 파는 일 또한 자연을 훼손하는 일이라고 생각하였기에 어떤 곳은 원시적인 방법을 채택하지 않을 수 없었다.

음식물 쓰레기 – 바이오 퇴비 처리

음식물 쓰레기의 친환경적 처리를 통해 텃밭의 퇴비로 활용

- 친환경적인 음식물 쓰레기 처리를 통한 처리에너지 절감 가능
- 자체 퇴비로 활용 가능하여, 퇴비의 공장생산 및 운반과정을 대체할 수 있음
- 텃밭의 자체 유기농산물 수확을 통해 시장 구입을 대체할 수 있음

탄소 저감 CO_2

a. 친환경적인 음식물 쓰레기 처리를 통한 탄소 절감
b. 자체 퇴비 생산을 통한 탄소 절감
c. 유기농산물 자체 생산 및 소비를 통한 탄소 절감

U-FOREST

IV

온실가스 감축 (탄소흡수)

녹지 체계

수자원 체계

녹지 체계

녹지 체계

- 광역보전녹지축과 마을 내부녹지축을 중심으로 공원녹지 간의 광역적 연계성을 강화하고 녹지 축(Axis)과 망(Network)을 근간으로 한 우수한 녹지의 보전, 훼손된 산림의 복원, 건강한 산림의 확충
- 자연친화적인 생태적 녹지공간을 구성
- 소규모의 녹지를 오픈스페이스 체계에 연계하여 마을 전체에 걸쳐 균등한 녹지 서비스를 제공

녹지율 목표의 설정

- 자연지반녹지율 : 식물상과 동물상의 발생 잠재력이 내재되어 있는 온전한 토양을 최대한 보전하도록 함 (80% 이상)
- 생태면적률 : 공간의 생태적 가치를 정량적으로 분석·평가하여, 자연의 순환기능을 극대화하도록 함 (89% 이상)

● LEED ND 항목

1. Smart Location & Linkage	도시계획 중 대지와 관련항목
Credit 8	Steep Slope Protection 자연적으로 급격한 경사가 있는 부분을 보호하여 침식을 최소화하도록 유도하고 풀이 자라나 있는 상태에서 서식지를 보호

절성토 최소화를 통한 녹지의 보존과 복원

탄소 흡수 CO_2

a. 등고와 지형을 고려한 도로계획
b. 자연 지형을 이용한 주동 배치
c. 사면발생구간의 재녹화 복원
d. 개발면적을 최소화하며 보존 녹지면적을 최대화
e. 소방도로의 최소화 및 접근편의성을 확보

도로에 인접한 주동 배치

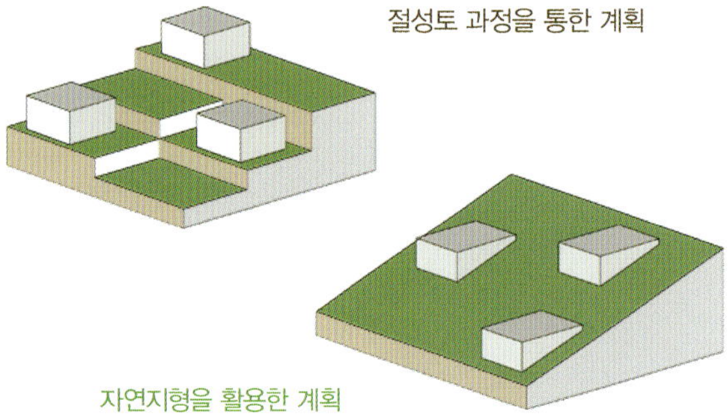

훼손부분(옹벽) 사면처리 구간과 녹화계획 예시

절성토

건축주 구릉지 개발시 자연지형을 훼손할 수 밖에 없는 이유 중의 하나는 대지를 먼저 조성하고 주택을 지어야 한다는 행정적, 절차적 구조 때문이다. 결국 주택마다 자신의 대지가 명확한 경계를 가져야 한다는 우리의 욕심이 있는 한, 대지를 조성해야 하고 절성토량은 증가할 수 밖에 없다. 건축가는 U-Forest 마을에 대지를 먼저 조성하는 것이 아니고 자연지형 상태에서 주택을 심는 형태를 처음부터 구상하였다. 자신의 대지 경계가 명확하지 않은 단독주택은 우리나라에서는 아직 시기상조라 팔리지 않을 것이라는 우려섞인 의견들이 있었지만 이것만은 양보할 수 없는 U-Forest 마을의 기본개념이라고 생각하고 끝까지 타협하지 않았다. 그러나 우려는 여전히 남아있다. 잘 보이지 않지만 함께 살아가는 녹색생활을 원하고 실천하는 사람들이 생각보다 많기를 그리고 그분들을 U-Forest 마을에서 만날 수 있게 되기를 희망할 수 밖에 없다.

건축가 녹지를 보존하고 재생시키는 작업은 숲 속에서 건축물을 배치하기 전에 검토해야 할 사항이었다. 사람만을 위한 곳이 있다면 그 곳은 콘크리트 벽으로 둘러싸인 감옥이어야 한다. 숲에는 사람을 포함한 모든 생명체가 살아가는 곳이다. 생명체가 살아가는 곳에 인간이 함께 살고 싶다고 노크를 한 것이다. 주객이 전도되어서는 안 될 것이다. 최대한의 그린네트워크가 형성되어 작은 미생물까지도 자신이 살던 곳에서 살 수 있도록 계획하여야 한다. 숲을 재산으로 인식하지 말고, 생명체들과 동고동락하는 장소로 인식할 때야만 진정한 Forest 단지라고 할 수 있을 것이다. 건축주는 건축주 답지 않게 나의 뜻을 서서히 이해해 주기 시작하였다.

그린네트워크의 형성

광역적 그린 네트워크

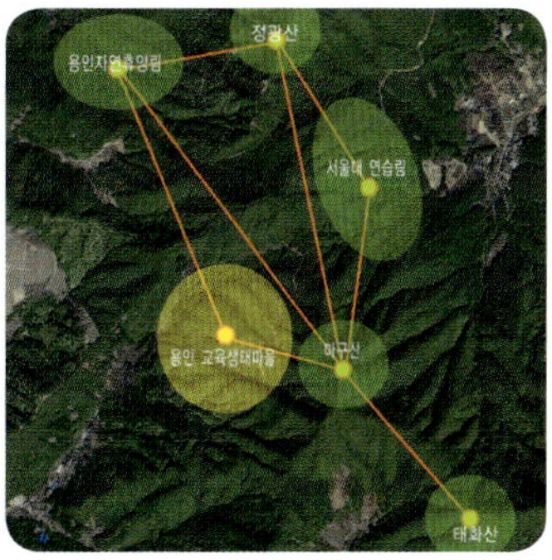

단지 내 중심공간 네트워크

녹지 네트워크

- 인접 용인자연휴양림, 정광산, 서울대 연습림(학술림), 태화산으로 이어지는 녹지축 연계를 통한 자연 녹지의 연속성 확보
- 단지 내 소규모의 공원녹지들과의 그린네트워크 형성

탄소흡수림 식재공간 및 예시(백합나무 등)

환경정화 수종을 이용한 생태숲 조성으로 탄소흡수 실현

- 성장이 멈추고 훼손된 숲지역에 대해 숲가꾸기와 식재를 통한 건강한 숲으로의 복원(식재 예정지역은 산불발생으로 인한 피해 지역임)
- 대상지의 주 수종인 신갈나무, 상수리나무와 더불어 초기 생장이 빠르며 탄소흡수율이 가장 높은 백합나무 등을 식재

녹도(Green Way) 체계

탄소흡수 Green Way 조성

- 녹지와 소규모 공원을 연결하는 쾌적한 길
- 접근 방향별, 마을별로 특화된 수종의 식재를 통한 정다운 길 조성

a. 공원녹지 내 식재
b. 생태숲(탄소흡수림) 조성
c. Green Way 식재

그린네트워크

건축주 2009년 봄, 이 지역에 산불이 났다. 한 등산객의 담배꽁초 하나로 수많은 나무들과 숲속의 크고 작은 생물들이 죽었다. 다행히 임도가 잘 되어 있어서 더 이상의 확산은 막았지만 아직도 그 안타까움이 생생하다. 그 곳에 탄소흡수림을 조성한다. 숲의 나무들이 성장하지 않거나 훼손된 곳을 건강한 숲으로 만드는 것. U-Forest 마을에서 바라보는 그린네트워크의 의미이다.

건축가 그린네트워크는 단지 내에서도 가능하지만, 거시적으로는 산과 산, 계곡과 계곡간의 네트워크로 존재할 것이다. 경사지가 너무 급한 곳은 아예 개발하지 않았다. 그리고 탄소흡수림 식재공간은 자연지반녹지로 보존하였다.

● LEED ND 항목

1. Smart Location & Linkage	도시계획 중 대지와 관련항목
Credit 9	Site Design for Habitat or Wetlands and Water Body Conservation 자연식물, 야생동물 서식지, 습지, 물이 있는 곳 보존

공원녹지 조성

- 광역적 차원의 그린네트워크 체계와 마을단위의 커뮤니티형 그린네트워크 체계의 유기적 연결을 통한 녹지의 순환성, 다양성, 연계성, 자립성, 안정성을 강화
- 기존 수림대와 함께 새로이 조성되는 공원, 녹지는 기존 숲과의 연계 및 조화를 원칙으로 조성
- 가로변 녹지, 블럭 내 녹지, 용도간 완충녹지 등 최대한의 다양한 녹지 확보
- 블럭마다 특색있는 공원을 계획하되, 시설을 최소화하고 더 많은 나무를 식재하여 탄소흡수 공원으로 조성
- 어린이 놀이터를 인근 숲과 연결되는 생태놀이터로 조성
- 개울과 연결되는 공원 및 녹지는 소생물 서식공간 확보

a. 다양한 공원 내 식재
b. 탄소흡수 공원 조성

▌조경계획

다양한 공원

건축주 여러 가지 공원 이름을 지으면서 ZedMJ와 에이텍 직원들이 참 즐거워했다. 수개월간 이 프로젝트로 인해 많이 고생하고 있었는데 이렇게 이름을 지으면서 좋아하는 이들을 보고 이제 이 계획안이 마무리되고 있다는 것을 감지할 수 있었다. 어떤 대상에게 이름을 지어 부른다는 것은 그와의 '관계맺음'을 의미한다. 이들의 노고가 의미 있는 아름다운 공간으로 승화될 수 있게 되기를 바란다.

건축가 설계회의시간에 공원녹지조성을 위해 단지 내에 노드점을 확정하였다. 그리고 얼마 후 공간 이름을 지어온 보라씨와 보람씨의 얼굴은 상기되어 있었다. 어느 현상설계 때와 마찬가지로 조경계획가가 지어오는 광장 이름을 그저 가져올 수도 있었겠지만, 밤새워 각 공간 공간에 어울릴 이름을 지어본 것이다. 소녀처럼 상기되었던 그녀들의 웃음과 생기 있는 모습이 이 프로젝트를 더욱 더 신선하게 만들었다.

하임밸리플라자 1

커뮤니티의 활성화를 위한 다목적 광장
주민들의 다양한 문화활동 수용

너울마당 2

메인도로, 수공간, 및 연구단지를 엮는 광장
수변생태학습장으로 이용

여울목광장 3

단지를 가로지르는 보행로의 출발지점
빗물저류지 조성으로 소생물 서식공간 확보

야외공연장/조각공원 4

정기적인 공연이 펼쳐지는 주민주도형 커뮤니티공간
컨벤션 센터와 더불어 학교와의 연계성 강조

솔향기마당 5

기존에 있던 소나무를 식재한 소나무 정원
수변데크와 연계한 활력공간

구름결마루 6

완만한 대지에 지형을 고려하여 조성
수공간과 연계한 쾌적한 공원

풍경마당 7

경사지에 조성된 계단식 광장
다양한 테마로 구성된 놀이터 및 쉼터 제공

바람소리마당 8

숲에서 불어오는 바람을 맞이하는 공원
계단식 구성으로 단지내 청량감 제공

해오름광장 9

전체 단지를 조망할 수 있는 휴게데크 마련
산책로와 연계하여 접근성이 우수

산마루터 10

마을에서 가장 높은 곳에 위치한 커뮤니티
수생/육생 비오톱 조성으로 쾌적한 공원 조성

단지녹화

Forest Zone의 녹지계획

- 기존 물길을 자연형으로 적극 보존하여 녹지축과 연계(Blue + Green Network)
- 보행자 동선을 따라 블럭별 녹지 조성
- 클러스트 별로 쉼터와 휴게공간의 녹화

Urban Zone의 녹지계획

- Urban Zone의 녹지계획은 메인도로 동선을 따라 건축물 사이 공간에 반복적인 오픈스페이스를 조성
- 오픈스페이스로부터 수직하게 보행자의 연결통로를 계획
- Forest 단지로의 단계적 경관축을 형성함과 동시에 쾌적한 보행영역을 확보

단지 내 텃밭 조성

- 단지 내 커뮤니티 텃밭을 도입하여 주민 친화형 공동체 교류의 장 창출
- 탄소를 흡수하는 유기농 채소를 직접 생산하여 단지 내에서 소비
- 유통시 발생하는 탄소 저감

녹지와 비오톱 간의 연결

- Green Way와 자연형 하천 및 실개울의 결절점에 비오톱 공간을 조성하여 다양한 생태서식 환경 조성

텃밭

건축주 텃밭은 단지 전체에서 아주 작은 비중의 요소이지만, 의외로 아주 중요한 요소일 수 있다는 생각이 들었다. 대지의 경계가 명확하지 않은 상황에서 이 커뮤니티 텃밭이 주택 외부의 삶을 규정하는 중요한 매개체가 될 수도 있다는 생각. 우리에게 텃밭도 경계가 명확한 개념이다. 그러나 전혀 의미가 다른 '주민친화형 공동체 교류의 장'으로서의 '우리 텃밭'이 커뮤니티의 의미와 결속력에 불을 당길지도 모를 일이다.

건축가 텃밭은 가족에게 줄 유기농 야채를 가꿀 수 있는 곳이다. 텃밭의 위치가 자신의 집 앞일 수도 있지만, 단지 내의 한 공간을 텃밭이 아닌 밭의 개념으로 계획하고 공동체적인 밭농사를 함께 기획할 수도 있을 것이다. 특히 경사지인 산의 한 부위를 계단식 밭으로 일구어 함께 가꾼다면 오히려 가정경제를 도와주는 농산물까지도 재배할 수 있을 것이다. 따라서 Forest와 Urban의 녹지계획은 달라야 한다.
도시계획도로를 따라 녹지띠가 형성되고, 주택과 주택 사이에 녹지가 생기고 그 주택 앞에도 작은 정원이 있다. 텃터는 바로 숲과 이어지는 작은 지름길과 만난다. 단지 내에 만들어질 유기농 밭은 숲과 도시를 하나로 이어주는 매개체가 될 것이다. Urban은 학교 가는 길을 따라 녹지띠가 생기고 그 사이사이의 오픈스페이스에서는 보행자를 위한 작은 숲길을 만날 것이다.

● **LEED ND 항목**

2. Neighborhood Pattern & Design	도시계획, 교통관련 항목
Credit 16	Local Food Production 지역사회 내에 환경에 영향을 미치는 대규모의 산업적인 농업을 줄이고, 다양한 종류의 곡식이 수확되는 수규모의 농업을 보존하도록 유도

탄소 흡수 CO_2

a. Blue – Green 네트워크 조성
b. 텃밭 조성
c. 비오톱 조성

Urban Zone과 Forest Zone의 녹지축 연결

단지 내 텃밭 조성

녹지와 비오톱 공간의 연결

입체녹화

옥상녹화

- 옥상이나 지붕을 활용하여 태양광 패널을 설치하되 향에 따라 적극적인 옥상녹화의 도입
- 저관리 경량형, 관리 중량형, 유기농 텃밭형, 휴게 공간형 등의 다양한 유형의 옥상녹화를 거주민들의 기호에 맞게 조성
- 건축물의 경관적 효과를 도모하고 공동체 공간화 함으로써 마을의 어메니티를 증진

벽면녹화

- 건축물의 냉난방 에너지의 저감과 더불어 녹지면적을 확보하여 탄소흡수를 실현하는 적극적 벽면녹화의 시도
- 타워형 그린 주택, R&DB센터, 컨벤션센터 등에 큰 면적의 벽면 녹화
- 녹화된 벽면은 옥상녹지와 지상녹지를 연결하는 생태통로 역할

입체녹화를 통한 녹지가 전체 녹지율의 약 5.5%를 차지

■ 태양광 전지판과 벽면 및 옥상녹화 이미지

■ R&DB센터 옥상녹화 이미지

a. 옥상녹화
b. 벽면녹화

입체녹화

건축주 우리나라는 아직 입체녹화에 대한 기술과 연구가 미흡한 실정이라 여러 가지 염려가 되는 것이 사실이다. 특히 U-Forest 마을의 기후와 토양에 적합한 식물들을 찾아내고 충분한 시험연구를 하여야 할 것이다. 굳이 준공시에 이 모든 것이 갖추어질 필요는 없다. 입체녹화야 말로 '만들어가는 건축행위'일 것이고, 누군가의 관심과 사랑이 없으면 이 식물들이 잘 자라나기는 힘들 것이다.

건축가 토지 내의 생태계는 건축물 건설로 인해 이미 훼손되어 재 복원될 수 없지만 옥상녹화, 벽면녹화, 가로녹화를 통해 녹지율을 향상시키며, 탄소흡수량을 증가시키고자 하였다. 모든 건축물이 남향을 향해 계획되어 있기 때문에 남쪽면에는 전지판을, 그 이외의 지붕면에는 벽면녹화와 지붕녹화를 계획하였다.

수자원 체계

수순환

녹지율의 최대화

- 전체 녹지율 91.7%로 마을 전체가 녹지 역할 수행
- 자연지반 녹지율 81.4%로 대부분의 강수가 지표 중에 장시간 머물도록 유도

생태면적률 극대화

- 옥상, 벽면녹화, 투수성 포장 등을 적극적으로 도입하여 생태면적률 극대화
- 생태면적률 89.9% 로 지속적인 수순환 체계 유지

녹지율과 생태면적률의 산정

구분	공간유형	면적	비율	생태면적률	
				가중치	환산면적(m^2)
자연지반	자연지반녹지	236,086	**81.4**	1.0	236,086
인공지반	수공간(투수기능)	11,021	3.8	1.0	11,021
	수공간(차수)	1,160	0.4	0.7	812
	인공지반녹지 > 90cm	3,190	1.1	0.7	2,233
	인공지반녹지 < 90cm	0	0.0	0.5	0
	소계	15,371	**5.3**		
옥상벽면 녹화	옥상녹화 > 20cm	8,991	3.1	0.6	5,395
	옥상녹화 < 20cm	3,770	1.3	0.5	1,885
	벽면녹화	1,740	0.6	0.4	696
	소계	14,501	**5.0**		
기타	부분포장	2,030	0.7	0.5	1,015
	전면투수포장	5,511	1.9	0.3	1,653
	틈새투수포장	0	0.0	0.2	0
	침투 및 저류시설 연계옥상	0	0.0	0.2	0
	포장면	16,533	5.7	0.0	0
	소계	24,074	**8.3**		
합계		290,032	100.0		260,796

비고

녹지율 = 자연지반녹지 81.4 + 인공지반녹지 5.3 + 옥상 / 벽면녹화 5.0 = **91.7 %**

생태면적률 = $\frac{260,796}{290,032}$ x **100.0** = **89.9 %**

* 학교 영역을 제외한 값임

녹지율 91.7%

생태면적률 89.9%

수순환/수자원

건축주 계곡부의 물이 적지 않은 양이지만, 문제는 비가 와도 빠른 시간에 빠져나간다는 점이다. 주도로의 실개천과 곳곳에 저류지를 계획하였지만 얼마나 유속을 줄이고 체류시간을 늘릴 수 있을지… 앞으로도 이 부분은 세부적인 기술적 검토가 필요할 것이다.

건축가 자연은 예측불가능이다. 인간이 할 수 있는 일은 자연현상을 부인하지 않고 인정하는 것이다. 일어날 가능성을 인정하자는 것이다. 자연계곡의 물이 우기에 늘어날 것을 예측하면서 도로변의 실개천을 계획하였으며, 계곡과 도로가 만나는 부분은 좀 더 넓은 저류지를 계획하였다. 이는 유속을 줄이고자 하는 마음도 있었지만, 서서히 채워지는 저류지에 우수조 탱크 설치 그리고 건기 시에는 사용할 물을 담아두는 장치를 계획하고 싶었다.

자연지반녹지
인공지반녹지
옥상녹화
벽면녹화
부분포장
투수포장
수공간(투수)
수공간(차수)

수순환축의 형성

- 동서방향을 원지형 그대로 자연형 하천으로 유지하되
- 남북방향은 지구 내 굴절도로를 따라 실개울 조성, 소규모 저류습지 연결
- 녹지, 공원과 연계되는 지점에 저류습지 조성

수순환축 – 동서방향

수자원체계

건축주: 녹지율과 생태면적률을 최고로 만드는 것은 성공적이다. 그런데 아쉬움이 남는 것은 U-Forest 마을의 녹지, 물, 흙, 인공지반, 포장도로, 건축물 등이 하나의 유기체로 연결되어 마치 우리 몸의 날숨과 들숨의 순환시스템으로 이해되고 대응하고 싶었던 점이다. 몸의 혈관처럼 마을의 수순환체계가 산소와 영양분의 공급을 구석구석 잘하고 있는지?, 몸의 허파처럼 마을의 녹지가 적당한 산소를 공급하고 마을의 체온을 잘 유지하게 하고 있는지? 궁금한 것이다.

건축가: R&DB센터와 숲 주거단지가 만나는 중간지역에 대규모의 공원을 조성하였다. 이 공원은 자연숲과는 달리 야외극장, 체력단련, 바비큐파티가 가능한 놀이공간을 목적으로 만들 곳으로 도시와 숲을 연결하는 또 하나의 커뮤니티이다. 이 두 지역을 연결하는 또 다른 요소로는 전 단지를 투수형으로 포장하여 지표수와 지하수가 흐르도록 하였다는 것이다.

수순환축 – 남북방향

적극적인 투수성 포장 설치

- 투수성 포장을 실시하여 하수도의 부담 경감과 동시에 지중생태를 개선
- 투수형 친환경 잔디블럭 주차장 시공으로 Green Parking을 실현

a. 녹지율의 최대화
b. 생태면적의 극대화

수순환 모식도

투수성 포장(보행자도로 및 주차장)

비오톱

물순환 시스템 도입과 연계하여 수공간을 활용한 친환경적인 비오톱 조성

도로와 물길의 교차점에 생태적 친수공간 조성 (저류시설을 이용한 비오톱 공간 복원)

- "나비연못"은 화본과, 현화식물과 함께 다양한 다공질 공간(돌, 나무 등)을 조성
- "잠자리연못"은 적정한 수면적과 수초, 횃대 등을 갖추도록 함
- "개구리연못"은 개구리가 산란, 서식, 동면할 수 있는 다양한 환경조건을 제공해 주고, 사람의 간섭을 받지 않는 공간을 별도로 조성

탄소 흡수 CO_2

a. 생태 친수공간 조성
b. 비오톱 조성

도로와 물길의 교차점 친수공간화

생태적 친수공간 조성

수자원 경계부는 시설설치를 지양하고 소동물 및 미생물이 서식할 수 있도록 비오톱 공간의 보존 및 복원

- 생태연못의 모양은 가급적 부정형이면서 다양한 굴곡이 나타나도록 해야 하며 다양한 수심을 갖도록 하여 다양한 수생 동·식물의 서식이 가능토록 조성함

저류지 조성 예시

수자원 경계부 – 소동물서식처

비오톱

건축주: 몇 개의 비오톱만 잘 만들어져도 U-Forest는 차별화된 마을이 될 것이다. 마을이 들어설 이 곳의 옛 이름은 '쇠내울'이다. 새가 많아서 붙여진 이름이라고도 하는데 그 외에 개구리, 나비, 잠자리가 많다. 이들의 서식처가 그대로 연결되어지고 혹 훼손되었다면 다시 복원되었으면 좋겠다.

건축가: 생태 친수공간을 조성하여 비오톱이 생성될 수 있도록 계획하였다. 이 공간은 우기에는 저류지이지만 그 이외의 기간에는 연못 겸 생태습지가 될 수 있도록 제안하였다. 다양한 수생 동식물이 살 수 있도록 수심과 굴곡을 지형에 맞추어 계획하는 것이 필요할 것이다. 이렇게 계획된 친수 공간은 열섬 효과방지 및 생태학습장으로서의 역할을 할 것이다.

● LEED ND 항목

1. Smart Location & Linkage	도시계획 중 대지와 관련항목
Credit 9	Site Design for Habitat or Wetlands and Water Body Conservation 자연식물, 야생동물 서식지, 습지, 물이 있는 곳 보존
Credit 10	Restoration of Habitat or Wetlands and Water Bodies 기존 사람의 활동에 의해 손상된 물, 습지, 야생식물 및 동물 서식지의 보존
Credit 11	Long-term Conservation Management of Habitat or Wetlands and Water Bodies 자연식물, 야생 서식지, 습지, 물의 보존

탄소 흡수 CO_2

a. 생태습지공원 조성
b. 빗물생태정원
c. 빗물 중수의 활용

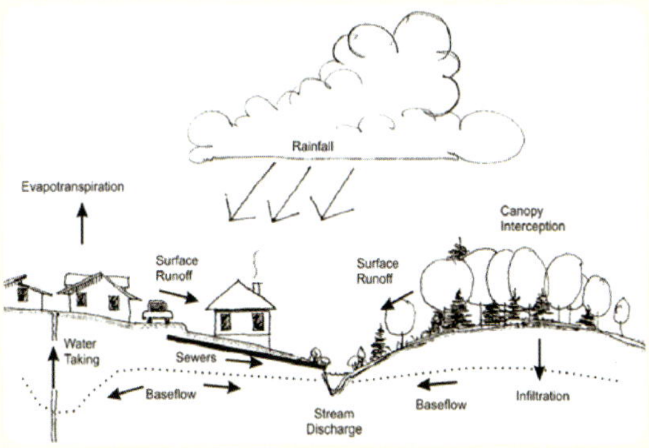

단지의 총체적 물순환 시스템

개거수로형 실개천

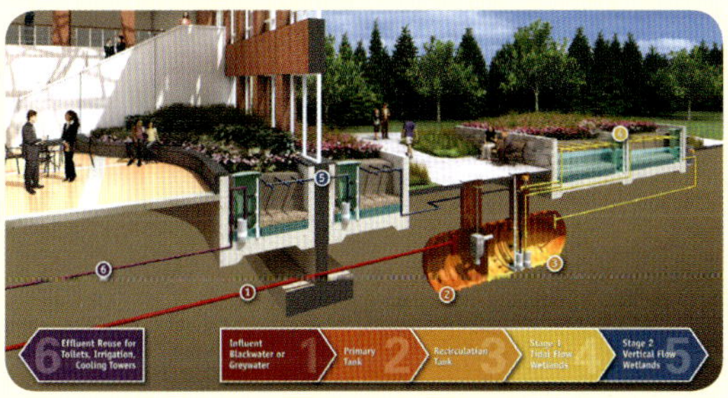

중수처리(Living Machine)

수자원

물순환 체계 조성

- 빗물배수로, 저류시설, 침투시설, 친수공간 등을 연계한 물순환체계(Blue Network) 조성
- 친수공간은 유지관리가 편리하도록 계획하여 비위생적인 공간이 되지 않도록 관리
- 마을 내 생태습지공원과 녹지 등은 주민 휴식과 산책로 조성 외 자연체험/학습공간이 되도록 계획

빗물의 배수

- 빗물의 배수계통은 가능한 한 개거형(開渠形)으로 하여 지표면의 투수율 제고
- 소류지에서 나오는 물은 실개천을 통해 마을 내부를 통과하도록 계획

빗물생태정원

- 마을 내 빗물을 활용한 생태정원(rain eco-garden)을 조성하여 수질정화와 함께 생물종의 서식처로서 활용
- 빗물생태정원은 나무껍질 부스러기, 수초, 관목 등으로 구성
- 도시오염물질을 99% 제거함과 동시에 폭우시 빗물 흡수 및 침투를 통한 국지적 홍수를 방지
- 도로변이나 단독주택지역, 공공건축물 주변의 공간을 활용하여 조성

미생물을 이용한 생태학적 빗물처리 시스템 및 하수, 오수 처리 시스템

- 공생미생물(Cosmos)에 의한 우수한 수질정화능력 활용

빗물과 중수의 활용

- 지하침투관거를 통과하여 집수된 우수와 옥상에서 집수된 물은 수변공간의 수원으로 이용
- 화장실에서 필요한 물의 일정부분 이상은 빗물과 중수를 이용하도록 함
- 정원용수, 텃밭의 관개용수로 이용하도록 함
- 세탁 및 청소용수로 활용

비오톱

건축주 전에 이 곳 U-Forest 마을 조성 대상지역을 방문한 한 풍수지리 전문가는 '이 곳은 물이 많은 지역이다. 이 물의 처리가 이 지역의 관건이 될 것이다'라고 말해 주었다. 땅 밑의 물과 땅 위의 물 들, 그리고 빗물을 어떻게 잘 관리해야 할지? 그래서인지 '빗물생태정원'에 대한 관심과 기대가 높다. 좀 더 많은 물을 장시간 체류시키면서도 깨끗한 물의 상태를 유지하며 습하지 않고 쾌적한 미기후를 만들어 줄 수 있는 생태정원이 가능할 것인지?

건축가 우수를 저장하는 일은 어렵지 않으나, 빗물과 중수를 정화하여 재활용하는 계획을 세우는 일은 쉽지 않았다. 따라서 Forest 영역에서는 경사도가 심하고, 토양 내에 관을 묻어 가정으로 보내는 일이 쉽지 않아 재활용은 포기하고 정화만 곳곳의 저류지에서 습지를 통해 정화하는 방식으로 계획하였고, 중수 재활용은 최첨단 기계를 사용하여 Urban 영역에서만 도입하는 것으로 계획하였다.

U-FOREST

V

부문별 계획

주택

토지이용계획

토지이용계획도

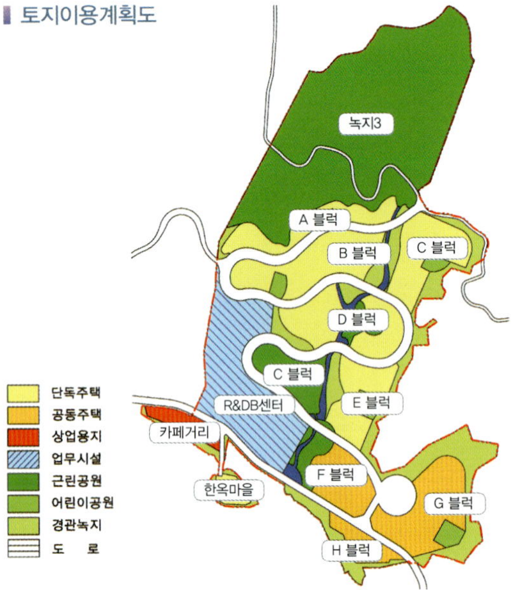

구분		면적(m²)	구성비(%)
주택용지	소계	63,793	29.5
	단독주택	43,499	20.1
	공동주택	20,294	9.4
상업용지		2,674	1.2
R&D, 컨벤션		20,559	9.5
도시기반시설용지	소계	129,264	59.8
	도로 및 기타	26,537	12.2
	어린이공원	3,931	1.8
	근린공원	70,841	32.8
	경관녹지	25,032	11.6
	하천	2,923	1.4
계		216,290	100.0
기타	유보지	–	–
총계		216,290	–

도시기반시설 용지율 : 60%

공 원 율 : 35%

토지이용계획

건축주 토지이용계획은 곧 사업성을 좌우한다는 점에서 고민이 많아졌다. 도시기반시설용지가 반이 넘는다는 것은 사업성을 저하시킬 것임에 틀림이 없다. 그러나 건축주 입장에서 이런 계산을 버리기로 했다. 건축가에게 충분히 이야기 했으므로 이제 그의 손에 맡기기로 했다. 다행히 최소한 손익분기점을 넘길 수 있을 것 같다.

건축가 경사지가 심한 숲에서 토지이용계획도를 평지처럼 나누기가 쉽지는 않았다. 이 땅을 어떻게 분양할 것인가에 대한 고민이 가장 컸다. 개별 필지를 나누기 어려운 상황에서 먼저 분양할 주거 블럭을 나누었다. 전체 대지면적과 세대수를 저밀도로 계획하고 그에 따른 세대별 분양 대지 면적을 산출하였다. 이런 방식으로 겨우 건축주를 설득하였으나, 이 계획안의 가장 큰 문제는 녹색단지이자 주민친화적인 단지를 만들어야 한다는 이유로 인해 도로, 공원, 녹지, 하천 그리고 기타 분양하기 어려운 부지의 면적이 너무 많이 책정되어 있었다는 것이다. 혹자는 이런 마스터플랜이 건축주의 사업성을 저해할 수 있다고 생각하였지만, 장기적으로 봤을 때는 오히려 누구나 살고 싶고, 찾고 싶은 곳이라는 차별성 때문에 분양에 도움이 될 거라고 판단하였다. 특히 이 단지의 특징은 분양면적 중에 국민주택 규모 이하의 주택이 계획되었는데 이는 건축주의 요구사항으로 실제로 이 단지 내에서 아이를 교육하면서 살고 싶어 하는 젊은 부부를 배려한 계획이었기에 거품이 없는 단지가 될 수 있다고 확신하였다.

● **LEED ND 항목**

2. Neighborhood Pattern & Design	도시계획, 교통관련 항목
Credit 3	Mixed-Income Diverse Communities 공공지역 내의 다양한 연령대, 집의 크기, 다양한 경제적 수준의 주민이 공정하고 평등하게 사회에 참여할 수 있도록 유도

블럭별 개요

면적 산출기준

- 아래 개요의 세대별 분양 대지면적은 유보지 및 기타 시설부지를 제외한 각각의 주거블럭 영역만을 기준으로 산출된 것임
- F, G 두 블럭의 대지면적은 저층 상가의 건축대지면적을 제외한 것임
- 분양면적 = 전용면적 + 서비스면적 + 공용주차장면적 + 주민공동시설면적

주택영역의 블럭별 개요

블럭	전용면적(m²)	공용면적(m²)	세대수	대지면적(m²)	건축면적(m²)	연면적(m²)	세대별분양 대지면적(m²)	비고
A	99	32	20	6,596	939.40	1,980	329.80	
B	99	32	21	10,847	1,588.00	2,635	407.53	
	139	45	4				572.18	
C	85	28	30	8,516	1,758.75	3,540	204.49	
	99	32	10				238.17	
D	99	32	15	9,416	1,865.00	2,875	324.24	
	139	45	10				455.25	
E	139	45	20	6,397	1,854.00	2,780	319.85	
F	99	32	40	5,373	329.46	3,960	134.33	상가대지면적 1,043.06
G	99	32	80	8,958	658.92	7,920	111.98	상가대지면적 1,605.49
H	62	21	36	3,314	702.90	2,232	92.06	
계			286	59,417	9,696.43	27,922		

상가 개요

블럭	연면적(m²)	규모
F	1,808.1	지상2층
G	4,816.5	지상3층

분양면적별 세대 수

전용면적		세대수	
m²	평		
62	19	36	국민주택규모 이하
85	26	30	국민주택규모 이하
99	30	186	
139	42	34	

주거형태

건축주 건축가에게 건축주가 원하는 주택유형을 전혀 제시하지 않았다. 이것은 설계가 고유의 몫이기도 하고, 이 지형에 순응하며 U-Forest 마을에 적합한 주택유형이 건축가에 의해 찾아져야 하는데, 건축가에게 다른 영향을 주는 것은 도움이 안 된다고 생각했다. 건축가는 모든 주택의 향을 가능한 남향으로 맞추면서 지형에 맞는 주택의 차량 진입과 주택의 전면 방향을 정하는데 많은 노력들을 했다.

건축가 건축물의 디자인은 마스터플랜 단계에서 중요하지 않았다. 단, 건축물로의 진입, 건축물 배치, 그리고 건축물에 대한 기본적인 이미지만 제시하고 싶었다. 건축물은 평지연립형, 경사지연립형, 타워형, 원룸형 등으로 다양하게 진출입이 가능하도록 배치하였다.

유형별 키맵

주거형태 분석

지형과 토지이용계획에 따른 쾌적한 주거환경 조성을 위해 주택의 유형 및 밀도를 배분

- 단독형 주거단지와 타워형 그린주택의 적절한 세대수 개발 밀도 배분
- 계층간 위화감 해소를 위해 가급적 다양한 평형을 혼합(Social Mix)하여 배치
- 수요자의 취향에 적합한 개성있는 개발을 유도

평지연립형 1

완만한 지형에 지하층 없이 조성

경사지연립형 2

경사지형에 위치하여 저층 일부 지하화, 지형에 따라 건물하부 지하주차장과 직접연계 고려

타워형 3

15층 규모의 친환경 타워 주거, 저층 상가 및 커뮤니티공간

원룸형 4

R&DB 센터 근로자, 독신자를 위한 원룸형 주거.
하부 공용 주차장 및 상부 태양열 전지판 조성

블럭별 상세

A 블럭 _ 자연과 함께하는 숲마을

- 진입레벨 및 지형의 영향으로 소형 경사형 주택 배치
- 보존녹지와 인접하여 쾌적한 산책로 조성
- 학교 연결도로에 인접하여 통학동선 용이

B 블럭 _ 전망 좋은 하늘마을

- 단지 내 조망권이 가장 양호한 블럭
- 도로에서 접근성이 우수
- 경사형 커뮤니티공간과 산책로 및 고지대 전망공원 조성

A, B 블럭

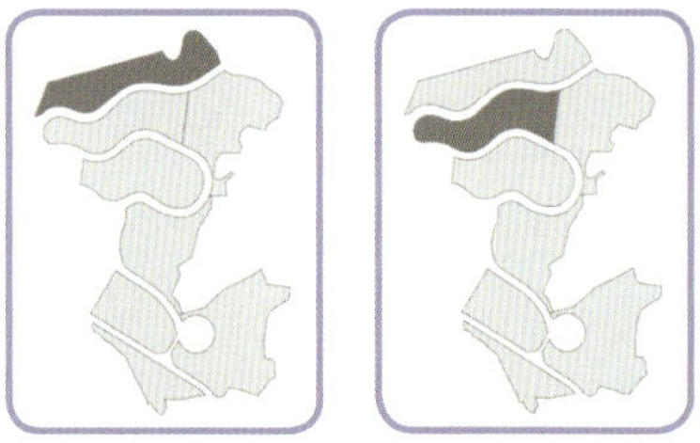

진입 및 주동 레벨

주동 진입유형

커뮤니티공간

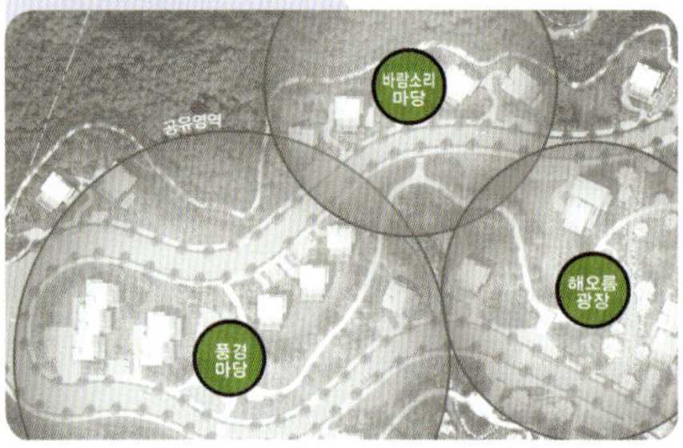

평형 및 채광방향

A, B 블럭

건축주 독채형 주택의 기본적인 형태는 2층으로 1, 2층에 각각 1세대씩 거주하는 형태이다. 자신의 대지경계가 정해지지 않은 상태에서 한 건물에 2세대 혹은 3세대가 함께 하고 이런 건물들 몇 개가 모여 마당을 공유하는 형태는 우리에게 매우 낯선 형태이고, 분양이 되지 않을 것이라는 의견이 지배적이었다. 이것은 다분히 사적인 공간보다는 오픈된 녹색생활을 하기로 각오한 사람들의 입주를 전제한 것이라는 생각이 들었다. 많은 갈등 끝에 그대로 받아들였다. 안되면 교육, 홍보, 설득을 통해서라도 가야할 길이라는 것 그리고 한밀숲학교 학생들의 인성이 바르게 변화하듯, U-Forest 마을의 삶의 모습이 그렇게 변화될 것이라는 기대를 가지기로 하였다.

건축가 건축가의 독단적인 생각이 사회의 관습을 쉽게 바꿀 수 있을까? 집은 소유하되 녹지는 공유하자는 모토가 성립이 될 수 있을까? 감히 유토피아적 상상이었다. 도시에서는 아파트 문을 열고 나오면 모든 공간을 함께 공유한다. 왜 전원으로 나가면 내 땅이 있어야 하고, 내 울타리가 있어야 하는 것일까?

C 블럭

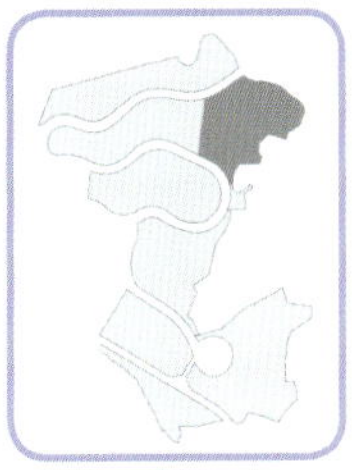

C 블럭 _ 햇살과 인사하는 마을

- 원만한 경사지의 뛰어난 조망
- 소형 다세대 연립주택 위치
- 세대수에 비례하여 오픈공간 계획

진입 및 주동 레벨

주동 진입유형

커뮤니티공간

평형 및 채광방향

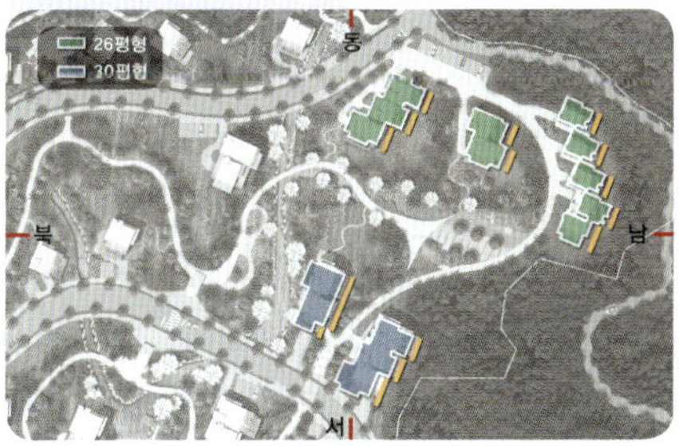

C 블럭

건축주 주택유형에 어떤 의견도 제시하지 않았지만, 사업성을 고려해서 한 가지는 요청을 했다. 가능한 독채형을 Attached House 형태로 붙이면서 클러스터를 형성시켜 커뮤니티 공간의 형태가 나타났으면 좋겠냐는 셈이나. 지형과 도로를 따라 주택을 배치하여 자연지형 훼손을 최소화한다는 개념에 상충되는 요청이었지만 건축가는 지형적으로 가능한 곳에 이러한 건축주의 의견을 수용해 주었다.

건축가 작은 평지를 찾아서… 커뮤니티 공간은 평지여야 하는가? 숲 속에서 평지를 찾기는 쉽지 않았지만 클러스터 별로 공간을 찾으려 노력했고, 그 공간은 수직으로 연결된 작은 숲길과 만날 수 있도록 계획했다. 만나기 위해 찾아가는 곳이 아니라 지나면서 만날 수 있도록 하고 싶었다. 그 곳은 꼭 평지가 아니어도 좋을 것이다. 작은 벤치가 있고, 작은 정자가 있을 것이며, 몇 개의 운동기구가 서로 다른 레벨에서 서로의 말문을 틔울 것이다.

D 블럭 _ 실개천을 닮은 샘터마을

- 세대별 접근동선이 우수한 수변주택 조성
- 녹지비율이 적은편이지만 수공간과 연계된 쾌적한 커뮤니티공간 조성
- 완만한 경사지에 위치하여 대지효율이 높음

D 블럭

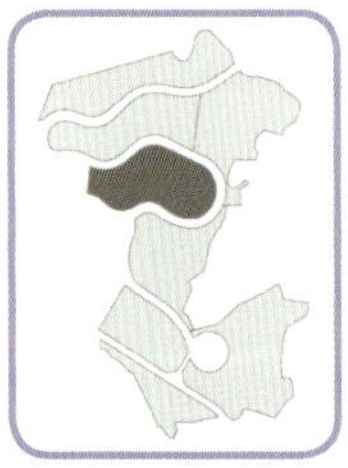

진입 및 주동 레벨

주동 진입유형

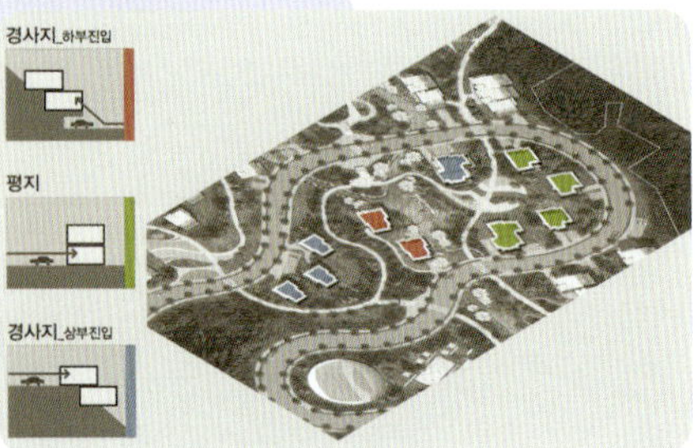

커뮤니티공간

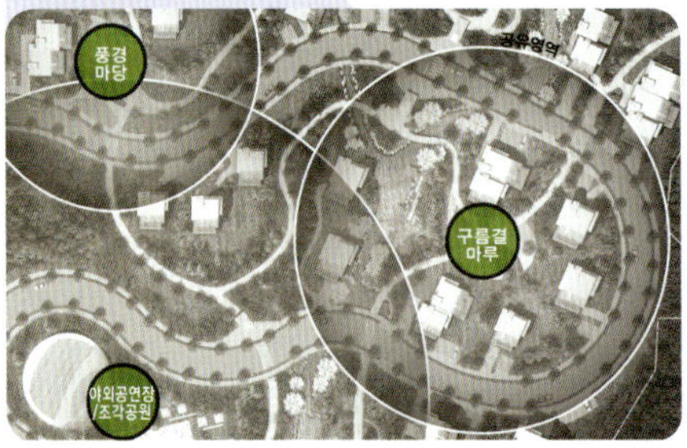

평형 및 채광방향

D블럭

건축주 처음부터 수변지역은 강력한 수직축을 형성했으면 좋겠다는 의견을 제시했지만 별로 받아들여지지 않았다. 수차례 강조해 보았지만 역시 크게 바뀌지는 않았다. 단지 전체적인 스케일에서는 수직축의 수변녹지가 맞는 답일 수 있지만 U-Forest 마을의 경우 주택을 제외한 모든 외부환경이 공유되고 있으므로 특별하게 녹지를 지정하지 않고 자연스럽게 수변공간을 처리하려는 것 같았다. 건축가의 의도대로 자신의 주택 옆에 붙어있는 수변공간을 사유화하지 않고 더불어 함께 할 수 있는 수준까지 입주민들이 갈 수 있었으면 좋겠다.

건축가 계곡에도 작은 집들을 최소로 배치하였다. 블럭마다 특징이 있어야 했다. 수직축을 만들어 계곡을 부각시키는 것도 좋겠지만, 그 순간 그 곳은 계곡이 되는 것이다. 계곡 근처에도 그에 어울리는 주택이 들어선다면 그 곳은 삶의 보금자리가 될 것이고, 계곡을 사랑하는 사람이 살게 될 것이다. 천연의 계곡 형태를 그대로 보존하면서도 주변을 커뮤니티공간으로 조성할 수 있는 방법은 지형에 맞는 건축물을 설계하는 것이다.

E 블럭

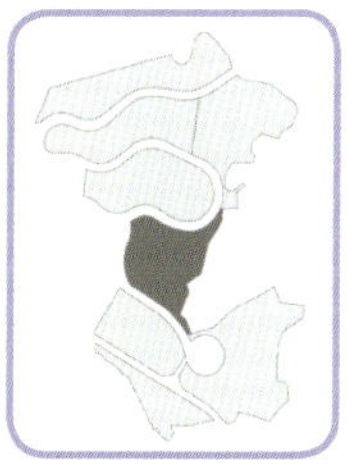

E 블럭 _ 소나무 숲에 뿌리 내린 솔숲마을

- 단지 초입에 위치하여 보행 접근동선이 용이 : 다자녀 가구를 위한 대형 평형
- 중앙공원 및 Urban Zone과 근접하여 편의시설 이용 편리
- 수변공원에서 생태학습체험 및 다양한 활동가능성 제공

진입 및 주동 레벨

주동 진입유형

커뮤니티공간

평형 및 채광방향

E 블럭

건축주 어느날 R&DB센터 상부 블록의 주택들이 중앙공원으로 바뀐 안이 등장했다. 이것은 10가구 이상의 주택이 줄어드는 것이었다. 안된다고 이야기하고 싶었지만 참았다. Urban Zone의 R&DB센터, 컨벤션 시설과 주택을 연결하고 적당히 이격시켜주는 활성화된 점이지대가 필요한 것이 사실이었기 때문이다. 그러나 그 이후로도 이 곳에 주택을 배치하고 싶은 유혹은 계속 되었다. 낮은 사업성이 큰 부담이 되어 갈등을 일으키는 것은 어찔 수 없었다.

건축가 가장 아름다운 땅에 중앙광장을 만들었다. 도시계획도로로 휘감아 돌아가는 지역이었다. 교통이 가장 용이하고 경사도도 높지 않은 곳이었다. R&DB센터와 주거단지의 접점 부분에 위치한 녹지에 전체 단지를 숨쉬게 하는 녹지를 만들고 싶었다. 이 공간에서 입주민들 뿐만 아니라 직장인들까지 하나가 될 수 있도록 화합의 장을 만들고 싶었다. 계곡과 옥외공연장 그리고 여러 가지 운동시설이 있으며, 바비큐파티가 숲 속에 웃음 바이러스를 전파할 것이다.

F 블럭 _ 자연과 도시가 공존하는 마을

- 랜드스케이프 데크와 진입광장을 통한 주거단지 진입부 조성
- 대형수변공원과 산책로 연계
- 단지 내에서 진입동선 가장 용이
- 타워형 주거를 통한 훌륭한 조망 제공

G 블럭 _ 햇살 좋은 쌍둥이마을

- 전체단지 초입의 랜드마크
- 보존녹지에 둘러싸인 친환경 타워(훼손면적 최소화)
- 건물녹화, 식물공장 활용 등 친환경적이고 생산적인 타워 계획
- 저층 주거단지와 연계동선 확보

●LEED ND 항목

2. Neighborhood Pattern & Design	도시계획, 교통관련 항목
Credit 16	Local Food Production 지역사회 내에 환경에 영향을 미치는 대규모의 산업적인 농업을 줄이고, 다양한 종류의 곡식이 수확되는 수규모의 농업을 보존하도록 유도

F, G 블럭

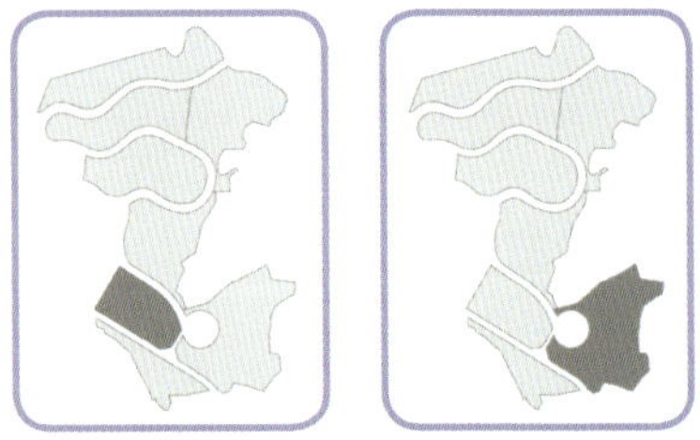

진입 및 주동 레벨

주동 진입유형

커뮤니티공간

평형 및 채광방향

F, G 블럭

건축주 타워형주택(고층아파트)의 배치는 처음부터 이견들이 많았다. 반대하는 사람들의 의견은 전원주택지의 타워형아파트는 분양이 안될 것이 확실하고, 타워형아파트로 인한 뒤편 독채형 건물들의 프라이버시 문제로 인해 독채형도 분양이 안될 것이라는 이야기였다. 없앤다, 놔둔다를 반복하다가 결국 최종적으로는 타워형을 수용하기로 하였다. 친환경생태단지는 반드시 저층이어야 한다는 생각에 대해 발상의 전환 즉, 개발하는 지표면을 최소화하기 위한 전략이 가치있는 발상이라고 생각했고, 프라이버시 문제는 타워형주택의 입지와 건축설계적 대안으로 극복할 수 있다고 보았기 때문이다. 특히 식물공장(Plant Factory)이 부분적으로 위치하는 그린빌딩 형태이므로 U-Forest 마을 입구의 상징적인 의미도 부여할 수 있겠다는 생각도 들었다.

건축가 산 속에 타워형 주동은 우리나라에서는 매우 낯선 광경이다. 개인적으로도 타워형 주거동보다는 저층형 주동을 선호하고 있지만 이 땅을 해석하는데 있어서는 어쩔 수 없는 선택이었고, 그 선택은 지금도 맞는다고 생각하고 있다. 단지 초입부터 빼곡하게 들어서 있는 저층형 연립주동을 배치해야만 세대 수가 나온다는 것은 수차례에 걸친 배치계획을 통해 알 수 있었다. 저층 연립형 주동을 배치하면 광장도, 수변공간도, 커뮤니티센터도 계획할 수 없는 상황이 된다. 더더욱 열악한 조건은 단지 초입부 로타리에서 우측에 배치된 두 개의 타워가 들어서는 지형은 그 경사도가 매우 높아 일반 건축물을 배치하는 것이 불가능했다. 숲을 보존하면서 세대수를 늘려줘야 하는 사업이었기에 타워형 주동 선택은 불가피했다. 국내 타워형 건축물들 중에서 에너지절약형 건축물을 찾아보기 어려웠으므로 이 타워주동을 에너지절약형 건축물이자 식물공장으로 설계하고 싶다는 생각을 해 보았고 이 안을 건축주에게 제안하였었다.

H 블럭

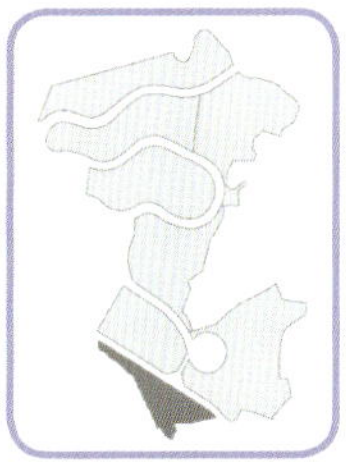

● LEED ND 항목

1. Smart Location & Linkage	도시계획 중 대지와 관련항목
Credit 5	Bicycle Network and Storage 자동차를 타고다니는 거리를 줄이고 교통의 효율성 및 자전거의 활용 증대

H 블럭 _ 기분좋은 잔디마을

- 하부에 단지 공용 주차장 조성
- 근로자와 독신자를 위한 원룸형 소형 주거공간
- 여유부지의 태양전지판 활용으로 에너지 세이빙 실현
- F, G 블럭과 연계된 메인광장 설치

*** 건물하부 지하주차장**

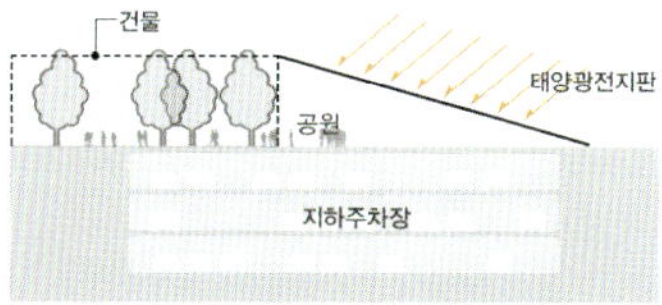

- 경사형 지붕에 태양광 전지판을 설치하여 전력생산
- 단지하부 공용 주차장으로 사용

진입 및 주동 레벨

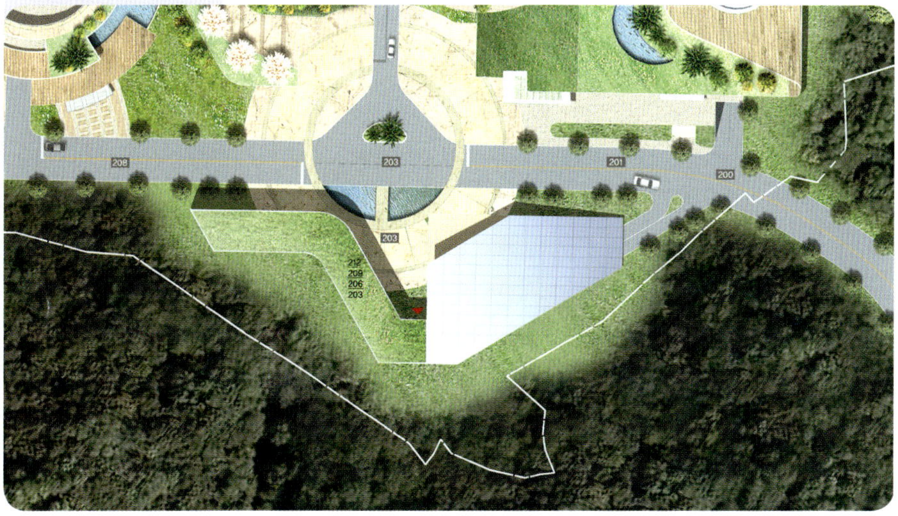

주동 진입유형

커뮤니티공간

평형 및 채광방향

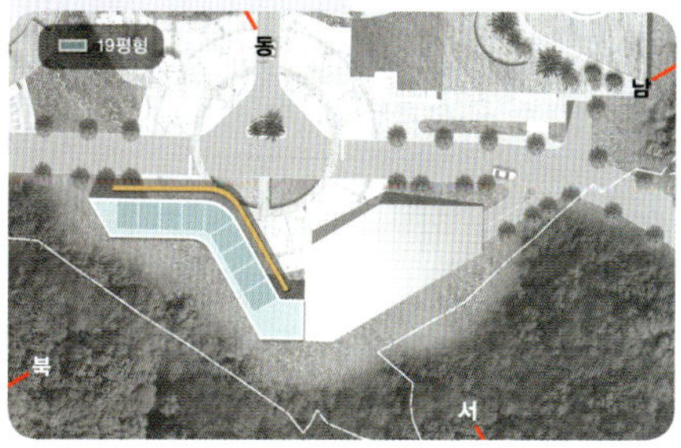

H 블럭

건축주 단지 입구에 차를 주차하고 자전거를 타고 자신의 집을 간다. 건축가에게 직접 말은 하지 않았지만 현실과 동떨어진 생각이며, 거주민들에 대한 건축가의 과대평가라고 생각했다. 그러나 한밀숲학교, R&DB센터의 젊은 교직원들이 살아갈 규모의 집들도 필요하겠다고 생각하면서 이 비현실적인 생각이 오히려 U-Forest 마을의 가장 큰 마을 특성이 되고 독특한 마을 모습이 될 수도 있겠다는 생각을 하게 되었다. 약간 불편하지만 Urban Zone에 차를 세워두고 Forest Zone으로 자전거를 타고 올라가는 모습이 상상되면서 비현실이 현실적인 그림으로 다가왔다. 그래도 이렇게 실천하는 사람들에게 뭔가 보너스를 주는 프로그램이 필요하다는 생각도 하면서 말이다.

건축가 차 없는 단지를 만드는 것은 매우 중요하다. 단위 세대 당 두 대 이상이 되는 차량으로 인해 도로가 주차장이 되는 게 현실이다. 긴급차량 또는 최소 한 대 정도는 집 앞까지 들어가도록 할 수 있겠지만, Forest Zone에는 주차구역 수를 제한하고 하이브리드 차가 아니면 들어가지 못하도록 하고 싶었다. 따라서 단지 초입부에 대규모 주차장을 만들어서 일반차를 주차하도록 하였고, 귀가하는 길은 전기자전거를 타고 단지로 들어가도록 하고 싶었기에 대형주차장을 제안하게 되었다.

R&DB / 컨벤션센터

개요

계획 개념

- U-Forest 마을의 도시적 맥락과 경관 형성
- 친환경 마을의 성격에 부합하는 산업육성으로 단지 아이덴티티 부각
- 친환경, 신·재생 에너지 등의 관련산업과 협력관계 조성
- 장기적 안목에서 직주근접 및 산학협력 고려
- 마을의 생산성 향상 및 고용증대 효과

공간구성

- U-Forest 마을의 중심 커뮤니티
- Urban 커뮤니티와 Forest 커뮤니티의 만남

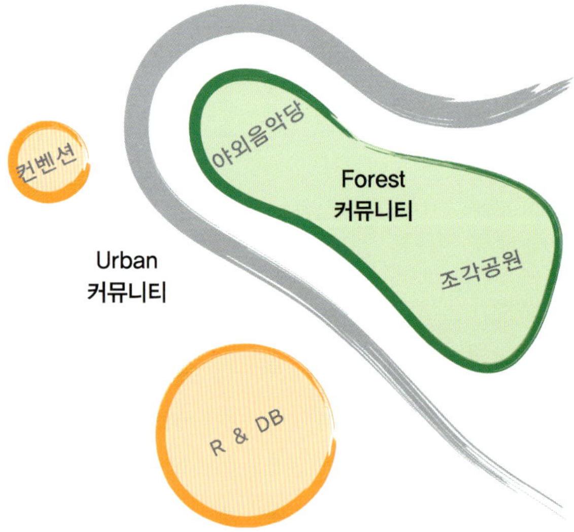

● LEED ND 항목

1. Smart Location & Linkage	도시계획 중 대지와 관련항목
Credit 6	Housing and Jobs Proximity 직장과 다양한 커뮤니티 시설과 근접할 수 있도록 유도

동선 계획

- 커뮤니티 시설과의 교류가 용이한 연결동선 제공
- Zone별 주출입구 동선의 분리로 쾌적한 진출입 환경 제공

R&DB / 컨벤션센터

건축주 친환경, 신·재생, 자연건강과 관련한 회사들이 유치되었으면 좋겠다는 생각에서 출발되었다. 그런데 이런 분야의 기업들은 대부분 규모나 자본이 영세한 회사들이었다. 그래서 중소기업청의 협동화사업단지로 조성하는 방안이 모색되어 추진되었다. 입주희망 업체들이 조사되면서 입주업체의 성격에 따라 요구하는 공간의 양과 입지가 계속 변했다. 기본적인 형태와 컨셉을 반영하는 예시로 이해하고 공간구성안을 확정하였다. 그러나 앞으로도 계속 입주업체들이 변하고 요구도 다양하게 나타날 것이다. U-Forest 마을의 일터를 확정짓는 작업은 무척이나 힘들고 말도 많고 탈도 많은 작업이 될 것이라 예상된다. 그래도 친환경, 신·재생에너지 관련한 좋은 회사들이 많이 들어와서 U-Forest 마을의 Green Life Style을 실천하는데 상호 간 중요한 역할을 할 수 있었으면 좋겠다.

건축가 R&DB센터가 들어온다고 했다. 직주근접의 컨셉이었다. 환경을 생각하고 물건을 생산하는 중소기업 패밀리들은 주거단지 환경을 생각하는 방향도 다를 거라 믿었다. 최대한의 건폐율과 용적율을 확보한 상태에서 건축물을 계획하여야 하였다. 컨벤션센터의 위치가 가장 중요했다. R&DB센터 내에 컨벤션센터를 설계해야 하는지? 아니면 독립된 위치를 선택해야 하는지가 중요했다. 컨벤션센터는 야외음악당과 단지의 중심녹지와 가장 인접한 곳에 위치하는 것이 조망뿐 아니라 건축물로 부터 바라보는 단지 경관도 아름다울 것이라 믿었다. 단지 입주자와 R&DB센터 패밀리가 함께 사용할 수 있는 공공의 시설을 마을 중심에 배치하였다.

● LEED ND 항목

2. Neighborhood Pattern & Design	도시계획, 교통관련 항목
Credit 3	Mixed-Income Diverse Communities 공공지역 내의 다양한 연령대, 집의 크기, 다양한 경제적 수준의 주민이 공정하고 평등하게 사회에 참여할 수 있도록 유도

영역별 개요 •

층		면적(m²)	영역별면적(m²)
R&DB 센터	지하2층	4,203	
	지하1층	4,203	
	지상1층	3,141	
	지상2층	3,141	
	지상3층	2,676	A zone 8,531
	지상4층	1,842	B zone 6,825
	지상5층	1,269	C zone 5,119
	소계	20,475	생산시설 8,406
컨벤션 센터	지상1층	576	컨벤션 2,123
	지상2층	576	
	지상3층	373	
	소계	1,525	
합계		22,000	

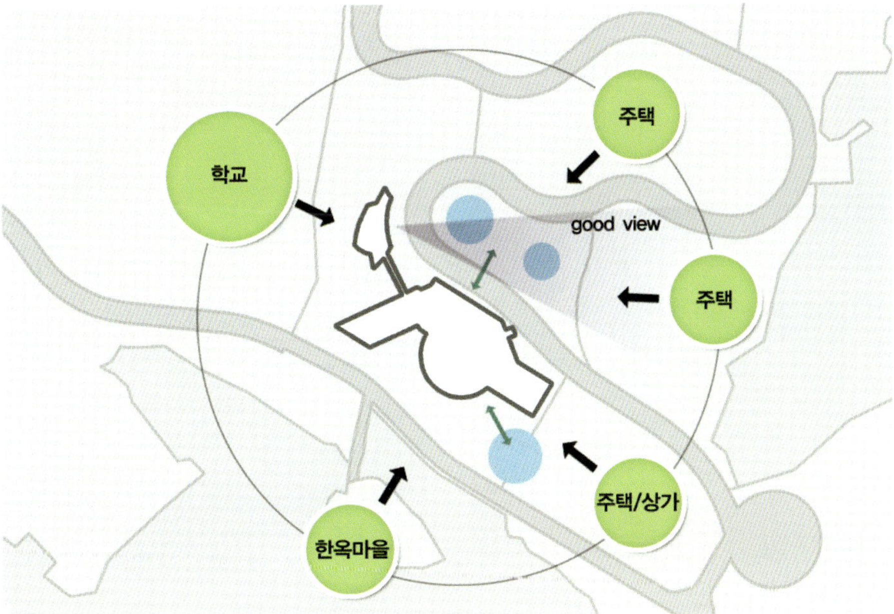

위치 및 연계성 •

- 단지의 중심에 위치하여 타 영역과의 편리한 연결동선 제공
- 중앙공원 및 수변광장 등 공원 및 오픈공간과 연계되어 쾌적한 환경 및 조망 연출

공간구성 및 입주업체

공간구성

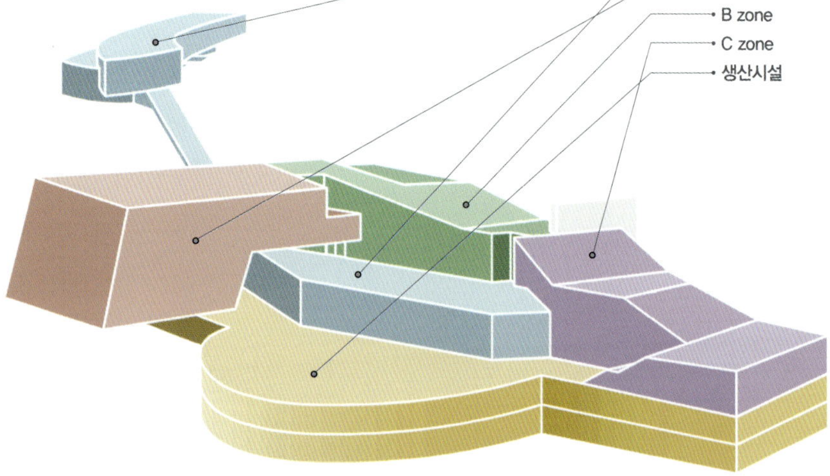

생산시설

- A, B, C Zone 기업체들의 생산시설 및 편의시설

컨벤션 시설

- 공연장
- 일반/상설전시장
- 각종 회의시설
- 에코라이프 교육관

A Zone _ 친환경 건축자재

- 건축 내외장재
- 도시농업
- 천연소재
- 가구/설비

B Zone _ 신 · 재생에너지

- 태양열
- 지열
- 공기질
- 열싸이폰

C Zone _ 한브랜드

- 한식
- 한지
- 한복
- 디자인/유통

노인복지시설

개념

- 교육과 노인복지시설의 결합
- 학교 커뮤니티와의 교류
- 치유의 차원을 넘어선 봉사, 성취

개요

- 지하 1층, 지상 3층(계 6,605m²)
- 200 beds

부대시설

- 원예농장, 산책로, 수치료, 스파시설
- 의료시설, 재활시설, 취사시설

● **LEED ND 항목**

2. Neighborhood Pattern & Design	도시계획, 교통관련 항목
Credit 14	Visitability and Universal Design 연령, 성별, 장애유무와 관계없이 다양한 사람들이 공공활동에 쉽게 참여할 수 있는 시설 계획하여 더 넓은 활동범위를 유도

배치도

노인복지

건축주 노인복지시설은 한밀숲학교의 인성교육을 위한 요구이기도 하다. 아이들의 인성교육을 위해 학교 인근에 좋은 노인시설이 있어서 은퇴한 어르신들의 깊은 인생이야기와 경험담을 듣고, 아이들은 몸이 불편한 어르신들을 도우면서 봉사와 희생을 통해 인생을 배우는 것, 바로 이것이 한밀숲학교가 원하는 것이었다. 다행히 학교와 도로를 사이에 두고 가까우면서도 적당히 이격된 장소에 노인복지시설이 계획되었다.

건축가 노인복지시설이 위치할 장소를 찾아야 했다. 어느 위치가 가장 노인복지시설로 적합할 것인가를 두고 많은 고민을 하였다. 우선 차량 접근이 가장 용이한 곳이어야 했고, 조망이 남향 또는 남서향을 바라보는 곳으로서 다른 건축물로부터 조망권을 침해받지 않아야 했다. 또한 학교시설과 근접한 곳으로 학교시설 사용이 용이한 곳이면서 학생들과의 밀접한 삶을 통해 삶의 활기를 찾게 해 주고 싶었다.

개요

용도	대지면적(m²)	연면적(m²)	건축면적(m²)	규모	
요양시설	23,160.53	6,605.03	1,535.01	지하1층, 지상3층	200 beds

요람에서 무덤까지

- 유·초·중·고의 교육시설의 학생들(청소년)
- 학교 교직원과 R&DB의 직원들(청·장년)
- 노인복지시설 입주노인(노년)
- 다양한 세대와 계층의 조화는 건강한 마을과 커뮤니티 조성의 핵심

부대시설 이미지

원예농장

산책로

의료시설

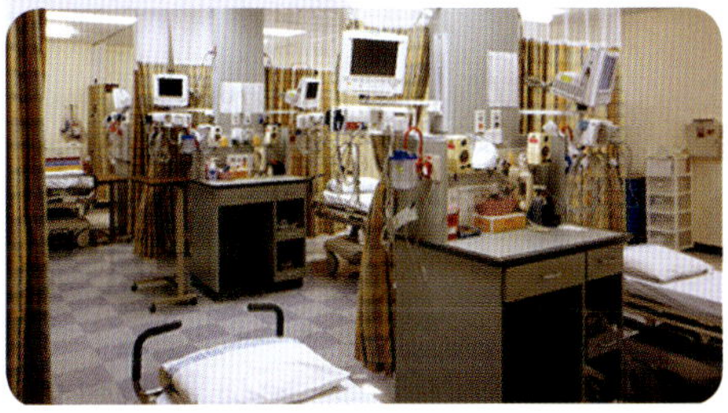

수치료

스파시설

취사시설

재활시설

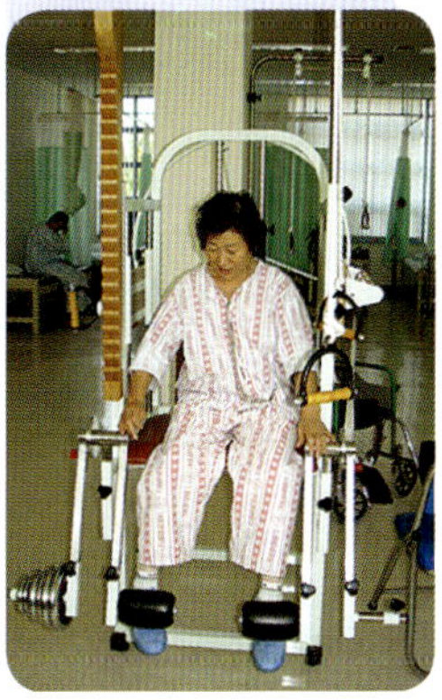

카페거리 및 한옥마을

카페거리

- 1층 : 옥외테크가 있는 연도형 카페시설 계획
- 2층 : 임대형 아뜰리에가 위치하여 개인작업실 및 소규모 사무실로 활용

한옥마을

- 전통 한옥건축 재현
- 주민, 학생들에게 전통문화 프로그램 활동 및 교육의 장소

개요

용도	대지면적(m²)	연면적(m²)	규모
한옥마을	1,726	445.31	지상 1층
카페시설	2,674	1,376.88	지상 2층

문화와 활기가 넘치는 마을 조성

- 기존 전원주택지의 문제점 중의 하나는 문화 부재로 인한 단절감
- 직주근접, 학주근접과 함께 조성되는 커뮤니티 시설에는 여가와 문화를 즐길 수 있는 공간으로 조성하여 활기가 넘치는 마을을 조성
- 메인도로변의 카페거리는 도로를 단순히 통과하는 길이 아니라, 머무르고 즐기는 정다운 길로 만들고
- 한옥마을은 정적이면서도 아늑한 분위기의 다양한 활동이 이루어지는 공간으로 조성

배치도

까페거리 및 한옥마을

건축주 전원주택에 사는 주부들의 공통된 이야기 중의 하나는 '외로워서 죽겠다'는 것이다. 조용하게 홀로 잘 살아가는 사람들도 있겠지만 참 현실적인 이야기이다. 폐쇄성은 처음에는 좋을지 모르지만 오래가지 못한다는 생각이 들었다. U-Forest의 또 다른 활력은 점심시간, 저녁시간과 같은 여가시간에 다양한 휴식과 문화 그리고 담소가 오고 갈 수 있는 공간이 있고 그것을 즐기는 사람들이 있다는 점이 될 것이다.

건축가 카페거리가 생기면 좋겠다는 제안을 하게 된 것은 전체 단지계획을 하면서 도로변에 만들어진 아주 기다란 대지를 보게 된 것이다. R&DB센터의 바로 인접한 위치에 있다는 것도 좋았고, 학교가는 길이라는 점에서 학생들을 학교에 보내고 학부모들끼리 만날 수 있는 만남의 장이 될 수 있다고 믿었다. 한옥마을은 다른 분위기에서 전통을 체험하고 이야기하는 장소가 되길 바랐다.

한밀숲학교

개요

학교현황

- 학교설립기관 : 그리스도의 편지교회
- 학교법인 : 한밀학원
- 개교년도 : 2012년 3월 예정
- 학교형태 : 초등학교, 특성화 중학교, 특성화 고등학교
  초중고 통합과정(12년)의 학력인정 정규학교
  → 초중등교육법 제 60조 3항, 동 법 76조 및 91조에 의거

설립정신

- "한 알의 밀이 땅에 떨어져 죽지 아니하면 한 알 그대로 있고, 죽으면 많은 열매를 맺느니라"(요한복음 12장 24절)

학교특성

배움과 삶이 일치되는 교육과정

대상세계와 상호관계성을 인식하는 교육과정

창조적 성품을 기르는 교육과정

학생 중심의 열린 교육과정

더불어 사는 삶을 실천하는 교육과정

Sustainable Design 친환경 계획
"자연의 일부가 되는 학교"

친환경 건축계획

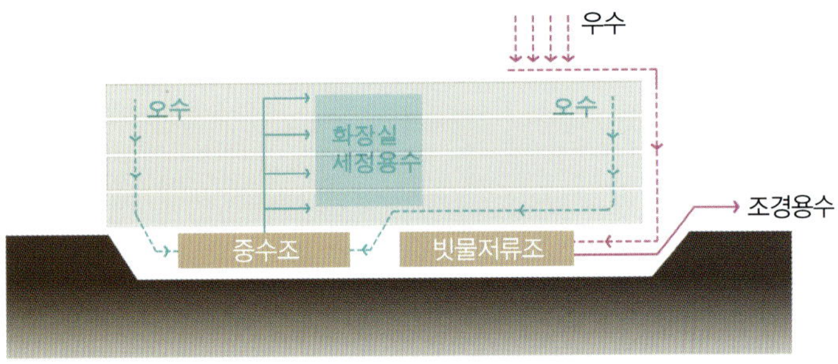

한밀숲학교

건축주 U-Forest 마을의 중심은 한밀숲학교다. 그리고 한밀숲학교의 설계(자우건축)는 U-Forest 마을 설계가 시작될 때 이미 기본설계가 완성되어 있었다. 숲 속에 있는 학교이지만 인성교육 중심의 학교, 도서관 중심의 학교, 테마형 교과교실제라는 여러 가지 교육프로그램을 반영하면서 학교설계는 건물의 메스가 커졌고, 초·중·고가 한 공간에 모이기를 원하는 교사들의 요청으로 건물이 집약되는 형태를 띠게 되었다. 그래서 도시 내에 있는 일반학교 건물 같다는 지적들이 있어왔다. 그렇지만 학교건축은 교육자들의 의견을 가장 우선적으로 받아들이고 건축가의 강한 디자인적 요소를 가능한 배제하기를 원한다는 학교 건축 설계자의 의도를 받아들였다. 우리는 숲학교다운 아기자기한 설계를 포기하고 학교 안에서는 교육에 충실하고 싶었다. 그러나 숲학교다운 건축물과 거친 자연이 함께 공존하는 교실 외부환경에 대한 아쉬움은 여전히 가시지 않고 있다.

건축가 학교 건축물 기본계획안이 이미 완료되었다는 이야기를 듣고 마스터플랜에 착수하였다. 하임밸리 단지를 지나 말아가리산 서남측 자리 최정상에 지어질 학교 건축물의 규모를 보고 놀라움을 금치 못했다. 학교 교육방침이 지형과 숲학교라는 특성을 잠시 잊고 있는 것이 아닌가? 좁고 긴 대지라 할지라도 순환도로 또는 교사동까지의 접근성에 대한 부분, 교사동의 자연환기, 자연채광 배려, 남향 및 남동향배치, 규모의 적정성 또는 정상에 맞는 건축물의 형태가 필요할 것 같았으나, 학교 마스터플랜에는 관여할 입장이 아니었기에 눈을 닫았다.

친환경건축 개괄도

미기후 현상의 고려

학교 전면부 수공간과 옥상녹화를 통해서 온도하강을 유도

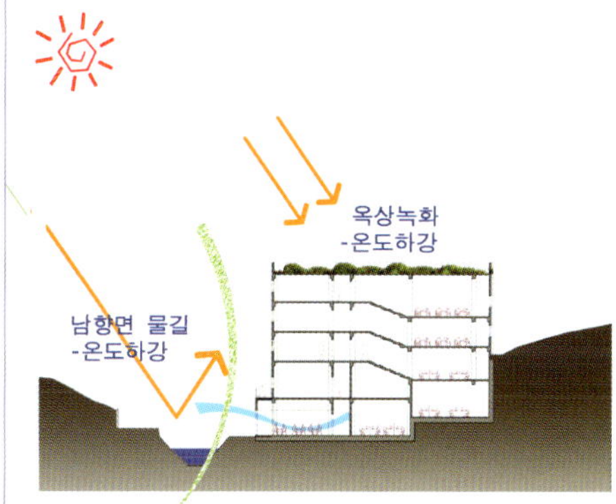

인공자연환경 조성

옥상녹화

에코월

에코프레임

옥상 및 외벽의 녹화와 자연 친화적인 목재마감을 통하여 인공자연환경을 조성

생태습지의 조성

학교에서 나오는 오수의 일부를 생태습지를 통하여 자연정화 되게 하여 생태 학습장으로 활용

에너지 절감형 건축 계획

냉난방 에너지 절감 계획

1. 경량형 옥상녹화시스템
2. 수직루버 / 광선반 적용 : 일사차폐
3. 저반사 로이(Low-e) 삼중유리 / 단열바 적용
4. 이중단열 / 단열성능강화
   – 벽체 : 125mm, 지붕 : 175mm 적용

조명에너지 절감 계획

5. 자연채광 : 저반사 로이(Low-e)유리 천창 / 전동 루버 적용

수자원에너지 절감 계획

6. 우수 저수조 : 조경용수 및 관리용수 이용 적용

에너지 절감 계획요소

에너지생산형 건축 계획

1 태양광 집광판

건물 일체형 태양광 발전시스템(BIPV)의 설치를 통하여 미관성 향상 및 조명용 전기에너지 생산

2 풍력 발전기

경관을 해치지 않는 풍력 발전기를 설치하여 보조전력으로 활용

3 지열 히트펌프

지열 시스템을 설치하여 기숙사, 채플관의 냉난방 및 급탕용으로 활용

4 펠릿보일러

목재를 가공하고 버려지는 부산물을 압축하여 연료로 이용하는 친환경적인 보일러 적용

1

BIPV

BIPV(투과형)

건물 일체형 태양광 발전시스템(BIPV)의 설치를 통하여 미관성 향상 및 조명용 전기에너지 생산

2

3

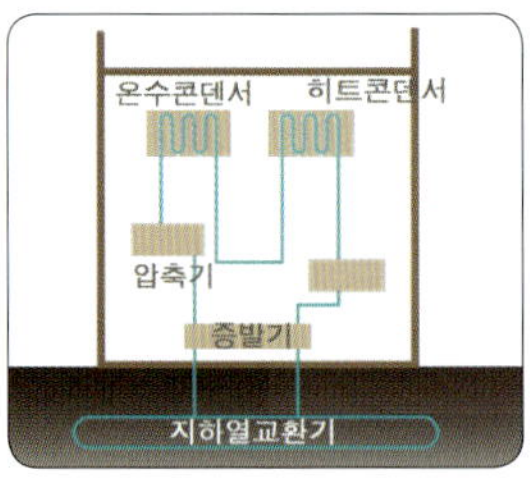

4

에너지절감형

건축주 설계를 시작하면서 건축가에게 학교설계의 에너지저감 관련 부문에 대해 U-Forest 마을과 일관성 있게 함께 검토해 달라고 요청했지만 거절당했다. 중간 중간 동일한 부탁을 했지만 결과는 동일했다. 이유는 명확히 이야기하길 꺼려했다. 학교 설계자에 대한 예의와 배려 때문이리라 생각했다. 나중에 알게 된 것은 물론 그 이유도 크지만, 에너지 절감형 건축물은 설계 초기부터 에너지에 대한 기본적인 컨셉을 반영해야 한다는 건축가의 생각 때문이었다. 창문 모양 바꾸고 태양광 집광판을 설치하는 것이 에너지 절감형 설계가 아니라는 것이다. 맞는 이야기이다. 그러나 그래도 늦었지만 최선을 다하고 싶다고 계속 간청하고 있다.

건축가 건축주의 요청은 있었으나, 이미 학교 기본 설계를 진행하고 있는 상황에서 학교 마스터플랜을 처음부터 다시 만들겠다고 제안할 수는 없었다. 그렇다고 이미 진행된 배치도 내의 건축물이 에너지 절약형 건축물이 되도록 자문한다는 것은 기존 학교 마스터플랜을 전체적으로 바꾸지 않고는 자문이 불가능했기 때문에 더더욱 나설 수 없었다. 건축주에게 기본 설계 단계에서부터 에너지절약 요소를 염두에 두고 설계를 해야 한다는 말씀만 드릴 수밖에 없었다. 솔직히 학교 건축물이야말로 에너지 절약형으로 설계되어 연간 유지관리 측면뿐만 아니라 학생들에게 쾌적함을 제공할 수 있다는 점에서 필수사항이라고 할 수 있다. 눈을 감고 무시할 수 없는 프로젝트라는 것을 알고 있기에 어떻게 도울 수 있을지 시간을 두고 생각하기로 했다. 그로부터 몇 개월 후, 건축주의 요청을 뿌리치지 못하고 학교 마스터플랜을 스케치하기 시작하였다.

건축물 인증요소

친환경 건축물 인증제

부분 및 범주	주요 평가항목	적용항목
1. 토지이용	대지의 생태적 가치, 건폐율 및 일조	건폐율 최소화 및 일조권 고려
2. 교통	대중교통 근접성 및 교통부하	자전거보관소 설치
3. 에너지	대체에너지 사용 및 에너지효율	대체에너지 사용
4. 재료 및 자원	자원절약 및 재활용	친환경 제품 및 재활용 제품 사용
5. 수자원	우수활용 및 생활상수 절감	우수활용시설 및 절수설비 사용
6. 환경오염	이산화탄소, 먼지, 오존층파괴물질(ODP)	ODP 미방출 제품 사용
7. 유지관리	친환경 시공 합리적 운영	건축물 운용관리 매뉴얼 제공
8. 생태환경	녹지축, 녹지율, 인공녹화, 생태서식	녹지보전, 생태공간조성, 옥상/벽 녹화
9. 실내환경	공기, 열, 음, 빛환경 등 쾌적환경 조성	실내환경 개선을 위한 적정 아이템 계획

LEED Green Building System

부분 및 범주	주요 평가항목 / 적용항목
지속가능한 부지 계획	침식 및 퇴적관리, 개발밀도 및 지역사회와의 연계성, 도로/인도/주차장의 열섬효과방지, 빛공해 저감, 대지개발 최소화
효율적인 물의 이용	개선된 폐수처리기술 사용, 물 사용량 절감
에너지 및 대기	건물에너지 시스템의 커미셔닝 수행, 최소 에너지 성능기준 만족, HVAC&R 기기의 CFC 사용 저감, 신 · 재생 에너지, 환경저해 냉매 미사용
재료 및 자원	재활용 가능한 폐기물의 저장 및 수집공간 확보, 재생/재활용 가능한 자재 사용, 그 지방에서 생산되는 재료 사용
실내환경의 질	최소 IAQ 성능만족, ETS 제어, VOCs 저방출 자재 사용, 자연광 이용과 조망, 실내공기 오염물질 저방출자재 사용, 시스템 개별제어
혁신성과 디자인 절차	LEED 인증 전문가 참여

저에너지 건축물의 구현

한밀숲학교의 설계변경

설계변경 사유

설계안에 대한 비판

- 숲속에 입지하는 숲학교의 자연적이고 편한 느낌이 들지 않음
- 건물의 Mass가 지나치게 커서 숲환경에서 건물이 위압적임
- 학교 건축물의 외부환경이 지나치게 잘 정리되어 생태적 공간과의 교류 저하

학교 교육 프로그램과의 조화

- 도서관 중심학교, 교과교실제의 적극적 도입이라는 학교교육 프로그램 적용으로 인해 통합적인 대형 건물로 설계
- 교과교실제의 도입이 전인적인 인성학교로서 학급 중심, 담임중심으로 학급을 운영해야한다는 점과 상충되며, 잦은 교실 이동으로 인한 들뜬 분위기를 만들 수 있다는 우려

그림 1

한밀숲학교의 대응

본질로 돌아가자

- 학교의 여러 가지 다양한 교육 프로그램들을 건축 설계에서 반영해 주었지만, 결국 인성교육, 생태학교로서의 본질적인 부분을 놓치게 되었다는 깨달음
- 학생들의 이동이 대체로 실내에서 이루어진다는 점에서 숲학교, 생태학교로서의 본질을 놓칠 수도 있다는 생각에 다시 원점으로 돌아가서 재설계하기로 결정

그림 2

숲학교다운 학교 만들기

- 전체적으로 건물의 Mass를 줄이고, 숲속의 교실이 여러 개의 개별동으로 흩어져서 입지하는 형태로 구성 (그림1)

- 그러나 한밀숲학교의 여러 가지 교육프로그램을 담기에는 여러 가지 불편함이 예상되어 수용하기 힘들어짐

한밀숲학교의 통합적 교육프로그램을 수용하는 최적안 찾기

- 숲학교의 이미지에 부합되면서 학교교육 프로그램을 잘 수용할 수 있도록 건물의 높이를 낮추면서 통합적인 교육공간의 적절한 조합을 만들어낸 설계 (그림2)

- 여러 가지 장점이 많은 안이나 그대로 수용하기에는 토목공사, 채광, 환기문제와 경제성에 있어서 문제가 예상되어 결정하기 힘들어짐

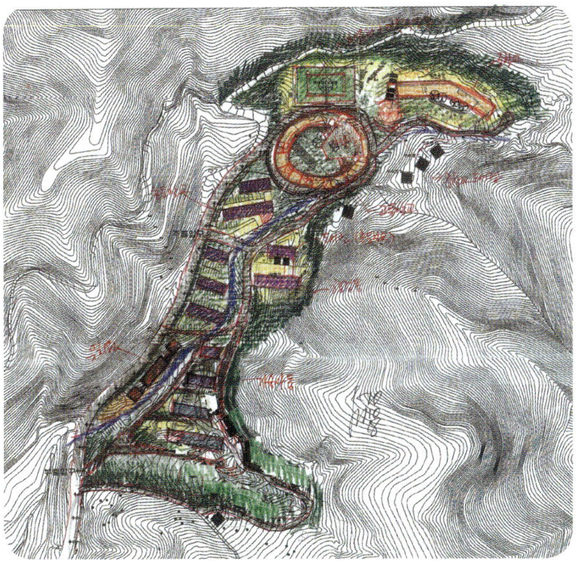

그림 3 이명주 교수 자문 스케치

에너지 건축디자인 관점에서의 건축가 자문

기존 원형 건축물 지하에 램프 설치를 통한 적극적인 접근로 확보, 건축물 규모 소형화, 남향 배치, 통풍-환기 적극적 대응, 최소한의 옹벽 계획, 범면과 건축물 간의 이격거리 확보, 햇빛이 잘 드는 곳으로 유치원 이전 등의 중요성을 강조한 자문

독일, 스위스의 생태적 통합학교 탐방

학교설계가(자우건축-박노욱 소장)와 함께 독일, 스위스의 10여 개 학교를 탐방하면서 숲의 환경과 어울리면서 한밀숲학교가 추구하는 인성교육과 생태적인 삶을 동시에 조화롭게 할 수 있는 설계 Concept을 새롭게 구상

- 대부분 모든 건물을 남향 배치하고 지붕을 녹화하거나 오픈하여 에너지를 절약하며 건강한 교육환경을 조성

- 작은 특성화 교실건물들을 통합하면서 실내 복도를 외부처럼 느끼도록 하고, 외부 이동공간은 실내처럼 쾌적하게 조성

저탄소 에너지 절약형의 한밀숲학교 친환경 학교설계 (최종안)

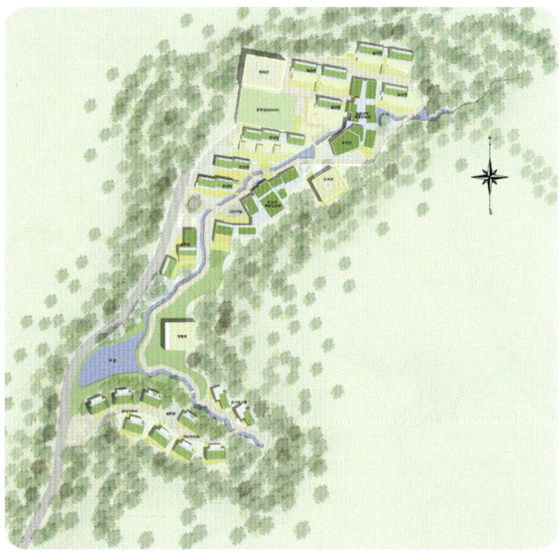

LEED ND 인증 평가항목

1. Smart Location & Linkage	도시계획 중 대지와 관련항목	30 Points
Prereq 1	Smart Location 기존 근린시설과 대중교통이 있는 지역에서의 개발(재개발 유도)	Required
Prereq 2	Proximity to Water & Wastewater Infrastructure, Option 1 지역 근접한 곳에 식수 및 오수처리 시설 설치 유도	Required
Prereq 3	Imperiled Species and Ecological Communities Conservation 멸종 위기종의 식물 혹은 동물과 생태계의 보존	Required
Prereq 4	Wetland and Water Body Conservation 습지 및 강과 호수를 보호하여 물, 자연생태계, 동·식물 서식지 보존	Required
Prereq 5	Agricultural Land Conservation 개발지역으로부터 숲과 농지에 적합한 토양을 보호하여 농업식량자원을 보존	Required
Prereq 6	Floodplain Avoidance 수질과 자연 생태계를 향상시켜 오픈스페이스 및 서식지 보존을 도모하고 생명과 재산을 보호	Required
Credit 1	Brownfield Redevelopment 오염된 부지 재 사용 유도	2
Credit 2	High Priority Brownfields Redevelopment 오염지역 우선적 개발	1
Credit 3	Preferred Location 환경과 공공의 이익에 악영향을 미치는 확장 개발을 막고, 기존 시내, 교외 그리고 타운을 개발토록 유도. 즉, 기존 인프라를 시공 및 유지 관리를 잘 할 수 있도록 재정 및 지역 자원을 보존	10
Credit 4	Reduced Automobile Dependence 자동차 사용을 줄이고 가능한 대중교통으로의 유도. 자동차에서 나오는 매연 및 기타 오염물질들은 도시의 온실가스 발산, 대기오염 등을 야기시키며 사람들에게 해로운 영향을 미침	8
Credit 5	Bicycle Network and Storage 자동차를 타고다니는 거리를 줄이고 교통의 효율성 및 자전거의 활용 증대	1
Credit 6	Housing and Jobs Proximity 직장 그리고 다양한 커뮤니티 시설과 근접할 수 있도록 유도	3
Credit 7	School Proximity 주거지 근교 학교 계획 유도	1
Credit 8	Steep Slope Protection 자연적으로 급격한 경사가 있는 부분을 보호하여 침식을 최소화하도록 유도하고 풀이 자라나 있는 상태에서 서식지를 보호	1
Credit 9	Site Design for Habitat or Wetlands and Water Body Conservation 자연식물, 야생동물 서식지, 습지, 물이 있는 곳 보존	1
Credit 10	Restoration of Habitat or Wetlands and Water Bodies 기존 사람의 활동에 의해 손상된 물, 습지, 야생식물 및 동물 서석지의 보존	1
Credit 11	Long-term Conservation Management of Habitat or Wetlands and Water Bodies 자연식물, 야생 서식지, 습지, 물의 보존	1

건축가

LEED ND(LEED Neighborhood Development)는 미국 LEED 인증 5가지 중에 친환경 주거단지를 인증하는 제도이다. 본문에 LEED ND를 삽입함으로써 에너지 절약형 건축물과 친환경 요소 기술들로 계획된 U-FOREST 단지의 특성을 재강조 하고 싶었다. 단, 현재는 마스터플랜 단계이므로 에너지 설비 관련 항목 중 건축 내 에너지 관련 항목만을 본문에 적용하였다.

2. Neighborhood Pattern & Design	도시계획, 교통관련 항목	39 Points
Prereq 1	Walkable Streets 차량이 달리는 거리를 줄여 교통의 효율성을 증대시켜, 안전하고, 편안하고, 보기도 좋으면서 걸어 다닐 수 있는 도로환경을 조성하여, 일상적으로 운동을 할 수 있도록 유도하고 또한 보행자의 사고를 경감시켜 공공의 건강을 도모	Required
Prereq 2	Compact Development 차로의 거리를 감소하고, 보행로와 자전거길 계획을 유도하여 육체적인 활동을 증대시켜 대중의 건강을 도모	Required
Credit 1	Compact Development 농작물 및 야생 서식지를 보호함과 동시에 살기 좋고, 걸어다닐 수 있고, 교통의 효율성이 좋은 기존 지역을 개발 하여 자전거, 걷기 및 기타 수단으로 인하여 공공의 건강을 도모할 수 있는 기존 지역 개발	7
Credit 2	Mixed-Use Neighborhood Centers 자동차 사용을 하지 않거나 자동차의 의존성을 줄이면서, 걷거나 자전거로 접근이 가능한 지역센타 및 개발된 지역이 집약되도록 유도	4
Credit 3	Mixed-Income Diverse Communities 공공지역 내의 다양한 연령대, 집의 크기, 다양한 경제적 수준의 주민이 공정하고 평등하게 사회에 참여할 수 있도록 유도	3
Credit 4	Affordable Rental Housing 임대주택 계획 유도	2
Credit 5	Affordable For-Sale Housing 분양주택 계획유도	2
Credit 6	Reduced Parking Footprint 주차공간을 축소하고 보행자 중심의 오픈스페이스를 확보	2
Credit 7	Walkable Streets 교통의 효율을 향상시키고, 자동차의 운행을 줄이면서 안전하게 걸을수 있는 보행자 도로 조성	8
Credit 8	Street Network 대중교통과의 연계가 잘 될 수 있는 프로젝트 및 교통망 개발유도	2
Credit 9	Transit Facilities 대중교통에서 자전거로의 환승이 가능할 수 있도록 안전, 편리, 안락한 환승장소 계획	1
Credit 10	Transportation Demand Management 차량 사용으로 인한 대기오염 방지 및 에너지소비를 억제하는 관리 유도	2
Credit 11	Access to Surrounding Vicinity 인근주변으로의 접근	1
Credit 12	Access to Civic and Public Space 직장과 가정으로부터 인접한 오픈스페이스로의 접근성을 유도하여 사회적 네트워크 형성 및 공공참여 유도	1
Credit 13	Access to Recreation Facilities 직장과 가정으로부터 인접한 곳에 육체적, 정신적, 그리고 사회적 건강을 향상시키기 위한 문화 · 오락시설 계획	1
Credit 14	Visitability and Universal Design 연령, 성별, 장애유무와 관계없이 다양한 사람들이 공공활동에 쉽게 참여할 수 있는 시설 계획하여 더 넓은 활동범위를 유도	1
Credit 15	Community Outreach and Involvement 프로젝트 진행과정에 따라 참여자들이 공공의 일을 결정하고 참여할 수 있도록 유도	1
Credit 16	Local Food Production 지역사회 내에 환경에 영향을 미치는 대규모의 산업적인 농업을 줄이고, 다양한 종류의 곡식이 수확되는 소규모의 농업을 보존하도록 유도	1

3. Green Construction & Technology	에너지설비관련항목	31 Points
Prereq 1	Construction Activity Pollution Prevention 그린빌딩 개념을 활용하여 건물의 설계, 시공, 리모델링을 유도	Required
Prereq 2	Minimum Building Energy Efficiency 에너지 효율적인 시공 및 설계 유도	Required
Prereq 3	Minimum Building Water Efficiency 물 공급과 폐수 시스템의 요구량을 감소시켜 효율적인 물 사용 유도	Required
Prereq 4	Construction Activity Pollution Prevention 각종 건설 활동에 따른 토양 침식, 수로의 침전 및 분진 발생에 대한 오염 축소 유도	Required
Credit 1	Certified Green Buildings 그린빌딩 개념을 활용하여 빌딩의 설계, 시공, 리모델링을 유도	3
Credit 2	Building Energy Efficiency 에너지 효율적인 시공 및 설계 유도	3
Credit 3	Building Water Efficiency 물 공급과 폐수 시스템의 요구량을 감소시켜 효율적인 물 사용 유도	3
Credit 4	Water-Efficient Landscaping 물 사용 없는 정원 유도 및 효율적 정원수 사용	
Credit 5	Existing Building Use 기존 건축물 재사용 또는 자재 사용 유도	
Credit 4, 5	Historic Resource Preservation and Adaptive Reuse 주변의 역사유물 훼손을 방지하고 에너지와 조경을 포함한 적절한 조화를 유도	3
Credit 6	Minimize Site Disturbance through Site Design 기존의 대지 표면 및 토착 식물을 보존하여 대지 훼손을 최소화 유도	1
Credit 7	Minimize Site Disturbance during Construction 시공과정에서의 대지 훼손 최소화 유도	1
Credit 8	Contaminant Reduction in Brownfields Remediation 오염된 지역의 복원 및 재생	1
Credit 9	Stormwater Management 폭우 또는 홍수시의 오염을 줄이고, 지하 수질과 수량의 향상 유도	5
Credit 10	Heat Island Reduction 열섬효과 감소 유도	1
Credit 11	Solar Orientation 초 에너지 절약형 주택과 엑티브한 태양에너지 사용을 통한 에너지 절감 및 생산 유도	1
Credit 12	On-Site Energy Generation 지역에 맞는 에너지 생산	1
Credit 13	On-Site Renewable Energy Sources 지역 기후와 토양에 맞는 신 · 재생 에너지 사용	1

Credit 14	District Heating & Cooling 지역 냉 · 난방 사용	1
Credit 15	Infrastructure Energy Efficiency 공공기반 시설물 운영에 필요한 에너지 효율성 향상 유도	1
Credit 16	Wastewater Management 폐수량 축소 및 물 관리 유도	1
Credit 17	Recycled Content for Infrastructure 원자재 가공과 추출을 통해 환경유해 물질을 줄이고, 자재의 재사용을 유도	1
Credit 18	Solid Waste Management Infrastructure 폐자재 및 매립 폐기물 양 최소화	1
Credit 19	Comprehensive Waste Management 복합폐기물 양 최소화	1
Credit 20	Light Pollution Reduction 조명의 조도를 낮추어 부지로부터 발산되는 빛을 최소화	1
4. Innovation & Design Process		**31 Points**
Credit 1.1	Innovation in Design: Provide Specific Title 지역개발과 관련된 평가 시스템에서 LEED에 규정된 것 이상의 특별 수행 성과를 유도하고, LEED ND 평가 시스템에는 없지만 새로운 도시적인 항목과 친환경적이고, 현명한 성장과 관련된 혁신적인 설계 수행	1
Credit 1.2	Innovation in Design: Provide Specific Title	1
Credit 1.3	Innovation in Design: Provide Specific Title	1
Credit 1.4	Innovation in Design: Provide Specific Title	1
Credit 1.5	Innovation in Design: Provide Specific Title	1
Credit 2	LEED® Accredited Professional LEED ND 프로젝트에 요구되는 설계 및 계획을 지원하고, 인증 프로세스 및 적용의 흐름을 적절히 수행하기 위한 LEED AP	1
5. Regional Priority Credit		**4 Points**
Credit 1.1	Regional Priority Credit: Region Dcfincd 지역적으로 특별한 환경, 사회적 동질성 및 공공의 건강을 우선시하는 전략을 유도	1
Credit 1.2	Regional Priority Credit: Region Defined	1
Credit 1.3	Regional Priority Credit: Region Defined	1
Credit 1.4	Regional Priority Credit: Region Defined	1
Project Totals (Certification estimates)		**110 Points**
Certified: 40–49 points, Silver: 50–59 points, Gold: 60–79 points, Platinum: 80+ points		

박재용 [건설산업교육원 'LCCD 인증 과목' 교수]

이명주, 박재용 [녹색도시 인천경제자유구역 조성을 위한 계획가이드라인]용역, 인천경제자유구역청 2010

U-FOREST

VI

에너지 절약형 건축물 계획

U-Forest 마을의 Zero Energy Architecture

- **U-Forest 마을은 기본적으로 제로에너지 건축을 지향한다.**

- 모든 건축물은 초 에너지 건축물이 되도록 설계한다.
- 가능한 Active Energy 요소기술을 도입하여 제로에너지 건축물이 되도록 설계한다.
- 그러나 모든 Active Energy Using이 탄소저감에 있어서 우월한 것은 아니다.
  단위면적 당 1.5리터를 제로로 만들기 위해 더 많은 탄소를 발생시킬 수도 있다.

- **Urban area는 일부 에너지 절약형 건축물과 제로에너지 건축물로, Forest area는 모두 제로에너지 건축물로 계획**

영역별 에너지 계획

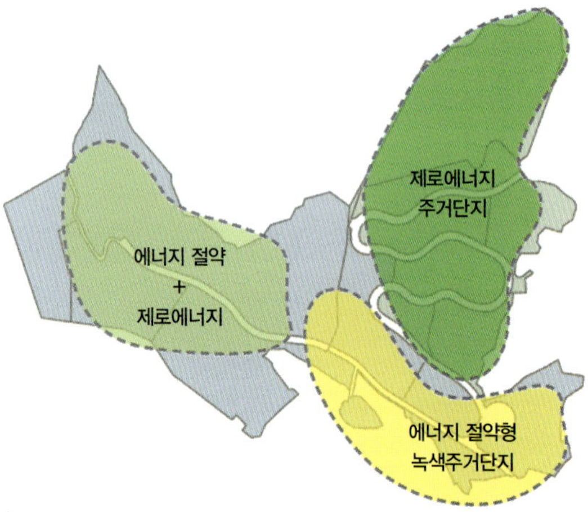

초 에너지 절약형 건축물 (패시브 등급, 1.5리터하우스)

'초 에너지 절약형 건축물'은 난방을 위해 화석에너지를 사용하지 않거나 사용하더라도 일 년이라는 기간 동안 단위면적당 최대 15kWh/m²a(1.5리터 까지만 난방에너지를 사용하는 주택을 의미한다. 또한 '초 에너지 절약형 건축물'은 신·재생 에너지 설비설치와 무관하게 건축적 방법으로 에너지를 절약하는 건축물이다. 따라서 난방설비시설을 갖추지 않고도 일정온도를 유지하기 위해서는 주택 내에서 발생한 모든 열에너지를 재이용해야 한다.

태양복사열, 거주인의 몸과 조명에서 발생하는 열, 음식을 하는 동안 발생한 열, 그리고 열교환시에 발생한 열 등이 바로 초 에너지 절약형 주택의 열에너지원이 된다. 초 에너지 절약형 주택을 건축하기 위해서는 건축물 설계초기 단계에서부터 에너지절약을 목적으로 요소기술을 적용시켜야 한다. 향을 고려한 계획, 간절기 동안의 자연환기, 단열과 기밀성이 우수한 유리 및 창호선정, 열교가 없는 시공, 고효율 열회수장치, 볼륨대비 외피면적 최소화 그리고 외단열 시스템이 바로 절약요소기술의 핵심이다. 초 에너지 절약형 주택의 열에너지요구량은 15kWh/m²a, 난방, 냉방, 조명, 환기 그리고 급탕을 포함한 에너지인 1차에너지 요구량은 120kWh/m²a 보다 작아야한다. 초 에너지 절약형 주택 벽체 열 관류율값은 0.15W/m²K, 프레임을 포함한 창호 또는 외기에 접하는 문의 열관류율값은 0.8W/m²K 이하, 기밀성능은 n50 < 0.6회/h로서 두 시간에 한번 정도의 환기가 필요하다. 한 겨울 초 에너지 절약형 주택의 난방부하는 10W/m²이다. 마지막으로 냉·난방기간의 거주공간의 환기를 위해서는 고효율 열회수기 사용이 불가피하다.

건축주 에너지 절감 건축이 전문이면서 건축 설계가 가능한 건축가를 만난 것은 행운이었다. 특히 이론과 기술력만이 아닌 실제 몇 개의 건축물을 완성한 경험이 있는 전문가였기에 매우 구체적이었고 실제적이었다. 단점이라면 에너지 절감에 도움이 안되는 다른 계획요소들과 쉽게 타협하지 않는다는 점인데 결국 이 단점은 장점이 될 것이다.

건축가 생태마을과 에너지절약 마을은 다르다. 생태마을이라고 해서 에너지를 절약하는 마을이 아니기 때문이다. 생태마을은 에너지를 안 쓰는 마을일지는 모른다. 에너지를 쓰지 않고도 겨울에는 따뜻하고 여름에는 시원한 건축물은 에너지 절약형 건축물이다. 인간의 욕구와 삶의 질은 시간이 갈수록 높아진다. 과거 원시시대로 다시 돌아갈 수 없듯이, 현재의 문명 속에서 삶의 질을 확보하면서 에너지를 절약하는 건축물이 이 단지 내에 설계되어야 한다. 또한, 국내에서 사용하는 [패시브] 용어는 우리 나라 일반인들이 쉽게 알 수 있도록 [에너지 절약형 주택] 또는 [초 에너지 절약형 주택]으로 사용되어야 할 것이다. 장기적으로는 이해하기 쉬운 단어를 국민들에게 보급해야 할 것이다.

- 제로에너지 건축물은 '에너지절약형 건축물'과 에너지생산형 건축물을 결합하여 건축물이 필요로 하는 에너지 요구량을 제로로 만드는 건축물을 의미한다.
- 에너지절약형 또는 에너지생산형 건축물이 친환경 건축물의 범주에는 속하나 생태건축과는 달리 다루는 재료 디테일 설계 그리고 시공방법이 확연히 다른 전문분야이다.
- 에너지절약형 건축물: Passive 건축물: 어떠한 기계장치(단, 폐열회수기사용)가 없어도 건축적인 해결방법을 통해 화석에너지를 절약할 수 있는 건축물
- 에너지생산형 건축물: Active 건축물: 신·재생 에너지 설비장치를 설치하여 에너지절약형 건축물이 필요로 하는 화석에너지량을 신·재생 에너지로 대체하는 건축물

● LEED ND 항목

3. Green Construction & Technology	
Prereq 1	Construction Activity Pollution Prevention 그린빌딩 개념을 활용하여 건물의 설계, 시공, 리모델링을 유도

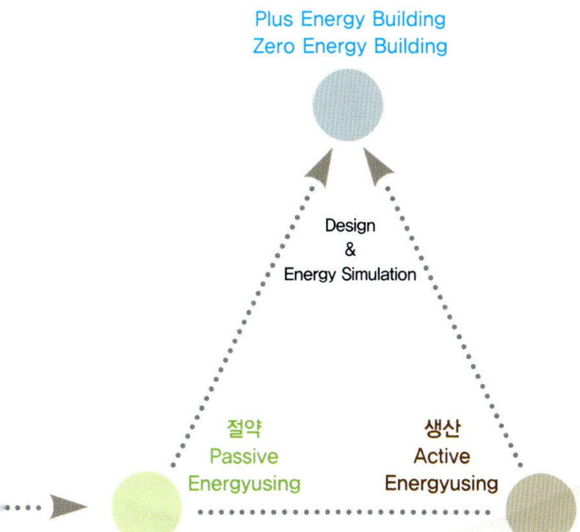

- 외피면적 최소화
- 단열성능강화
- 외단열
- 3중유리
- 초 에너지 절약형 주택 창호
- 실내로의 직사광선 유입차단
- 자연채광 활용
- 벽면율 확대를 통한 축열성능 강화
- 자연환기 활용
- 옥상 및 벽면 녹화
- 단, 화석연료 사용

- 태양광-BIPV (Building Integrated Photovoltaics)
- 태양열-BITS(Building-integrated Thermal system)
- 지열
- 풍력
- 수소연료전지
- 펠렛보일러
- 미활용에너지
- 미활용에너지는 에너지로서의 가치는 있으나, 경제적 기술적 요인로 인해 그냥 방치되거나 버려지는 에너지 중 급탕 및 냉난방용 열원 공급으로

Step. 1
[에너지절약주택기술 도입]
[Energy saving Technology (Passive Technology)]
단열성능강화+외단열+3중유리+시스템창호+열교차단
Outside Insulation + System windows with 3 layers glazing +blocking of Cold bridge

Step. 2
[친환경요소 도입]
[Eco-Friendly Technology]

Step. 3
[생활에 필요한 고효율 제품사용]
[Using Products having energy efficiency class mark]

Step. 4
[지역기후에 맞는 신·재생에너지 선택]
[Selection of Renewable Energy according to the Local Weather Conditions]

에너지 시뮬레이션과 열교없는 디테일 개발이 에너지절약

Energy Simulation & Coldbridge Simulation are also Energy Saving Tools

기획	기본설계	허가	실시설계	시공	완공	입주 + 운영기간
에너지절약형건축물 에너지 요구량 숙지 및 계획	에너지절약형 건축물 계획 초 에너지 절약형 주택 인증 자재 선정 및 적용 에너지 시뮬레이션 –에너지 요구량 계산 (난방, 냉방, 급탕, 환기, 조명) –에너지 소요량 계산 –신 · 재생에너지 사용량 계산 FEEDBACK 설계+에너지계산	도면확정 에너지 계산값 제시	실시설계도서 작성 시방서 작성 특기시방서 작성 열교없는 디테일 개발 에너지시뮬레이션 FEEDBACK –실시설계 디테일 개발 및 에너지 계산 운영 메뉴얼 제작	실시설계도서 준수 저탄소 시공방법 개발 기밀시공	열화상카메라 측정 기밀성 및 열교 검토 최종 에너지 계산값 제시	에너지 소비량 계측 –열 적산전력계 –전기 적산전력계 에너지 소요량과 에너지 소비량 비교 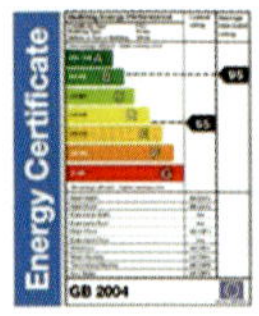 에너지등급확정
	에너지 시뮬레이션 (I)		에너지 시뮬레이션 (II)			모니터링

창호 + 벽 : 열교점 분석 및 열교 계산 + 디테일 개발 및 열교없는 실시설계디테일 자문

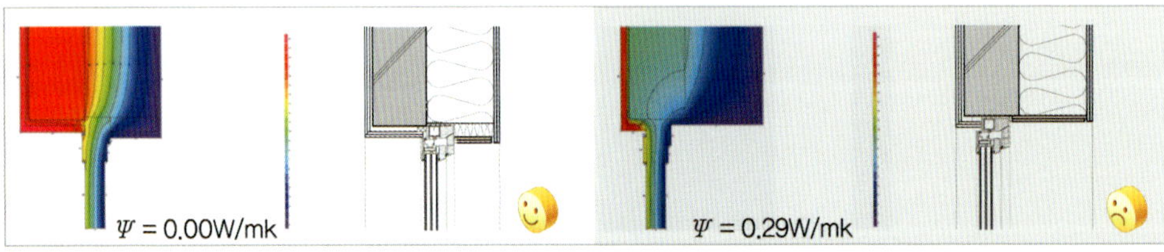

기초 : 열교점 분석 및 열교 계산 + 디테일 개발 및 열교없는 실시설계디테일 자문

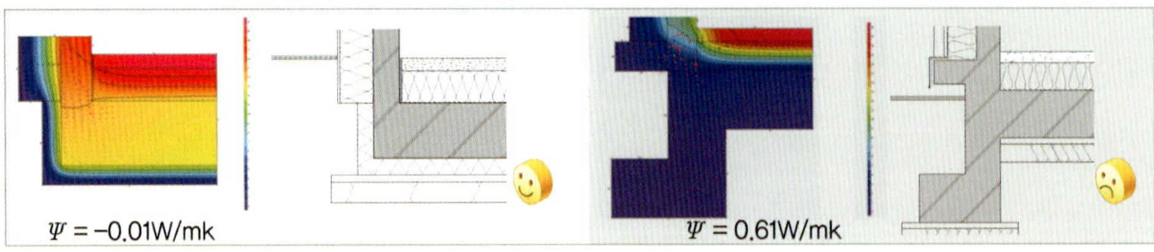

*HEAT2 기반

에너지시뮬레이션이 제로에너지건축물을 만든다

Implementing of Energy Simulation creates Zero Energy Building

- **에너지요구량** : 건축물 내 재실자에게 직접적으로 영향을 미치는 난방, 냉방, 조명, 환기, 급탕에 필요한 에너지량이다. 에너지요구량은 초 에너지 절약형 주택 요소기술에 대부분 영향을 받는다. 에너지절약형 건축설계는 1차 에너지소요량이나 이산화탄소 배출 절감량에 70% 이상 비중을 차지한다.
- **에너지소요량** : 에너지요구량을 충족시키기 위해 설비시스템에 사용되는 기름, 가스, 전기 등과 같은 연료 에너지 소요량이다. 에너지요구량에 따라 설비시스템의 종류, 용량, 효율, 단열 등이 영향을 받는다.
- **1차 에너지요구량** : 에너지소요량에 연료의 채취, 가공, 운송, 변환, 공급과정 등에 필요한 에너지를 포함하여 환산된 에너지량이다.
- **이산화탄소 배출량** : 설비시스템에서 소비되는 연료 에너지의 이산화탄소 배출량을 의미한다. 즉 에너지 소요량을 연료원에 따라 환산하여 제시된다.

"초에너지 절약주택"

1차 에너지 소요량 : 120kWh/m^{2}a
열1차 에너지 소요량 : 40kWh/m^{2}a
난방 에너지 요구량 : 15kWh/m^{2}a
냉방 에너지 요구량 : 15kWh/m^{2}a
벽체 열 관류율값 : 0.15W/m^{2}k
창호 프레임+문+유리 열관류율 : 0.8W/m^{2}k 이하
기밀성능 : n50 < 0.6회/h
난방부하 : 10W/m^2
고효율 열회수기사용(출처 : 독일 패시브 연구소)

Zero Energy Project

제로에너지주택

난방 0.9리터 하우스
+ 지열 3 RT + 태양광 4kW

에너지계산 + 초 에너지 절약형 주택 자재선정 + 디테일 개발 :

(주)제드엠제이건축사사무소

제로에너지디자인 벤처기술연구소

• 기초 데이터

벽체 – 벽돌		열관류율	0.110 [W/(㎡ · K)]
재료명칭	열전도율[(W/(m · K)]	두께[m]	열저항[㎡ · K/W]
실내측표면열전달저항(수직)			0.110
벽지	0.17	0.001	0.006
석고보드	0.18	0.0095	0.053
석고보드	0.18	0.0095	0.053
콘크리트(1:2:4)	1.6	0.2	0.125
압출보온판 1호	0.028	0.22	7.857
Rockcell Board	0.0372	0.03	0.806
벽돌	0.6	0.06	0.100
외기측표면열전달저항			0.043

벽체 – 사이딩		열관류율	0.110 [W/(㎡ · K)]
재료명칭	열전도율[(W/(m · K)]	두께[m]	열저항[㎡ · K/W]
실내측표면열전달저항(수직)			0.110
벽지	0.17	0.001	0.006
석고보드	0.18	0.0095	0.053
석고보드	0.18	0.0095	0.053
콘크리트(1:2:4)	1.6	0.2	0.125
압출보온판 1호	0.028	0.22	7.857
Rockcell Board	0.0372	0.03	0.806
사이딩	0.15	0.022	0.147
외기측표면열전달저항			0.043

아트리움 유리		열관류율	0.900 [W/(㎡ · K)]
재료명칭	열전도율[(W/(m · K)]	두께[m]	열저항[㎡ · K/W]
유리벽	0.09	0.1	1.111

바닥 – [illegible]		열관류율	0.110 [W/(㎡ · K)]
재료명칭	열전도율[(W/(m · K)]	두께[m]	열저항[㎡ · K/W]
실내측표면열전달저항(수평)			0.110
벽지	0.27	0.003	0.011
시멘트모르타르(1:3)	1.4	0.01	0.007
콩자갈(축열층)–바닥난방	1.6	0.1	0.063
PE필름	0.21	0.002	0.010
압출보온판 1호	0.028	0.22	7.857
Rockcell Board	0.0372	0.03	0.806
콘크리트	1.6	0.45	0.281
외기측표면열전달저항			0.043

지붕		열관류율	0.110 [W/(㎡ · K)]
재료명칭	열전도율[(W/(m · K)]	두께[m]	열저항[㎡ · K/W]
실내측표면열전달저항(수평)			0.110
천정지	0.17	0.001	0.006
석고보드	0.18	0.0095	0.053
석고보드	0.18	0.0095	0.053
콘크리트(1:2:4)	1.6	0.15	0.094
고름몰탈	0.21	0.007	0.005
PE필름	0.21	0.001	0.005
고름몰탈	1.4	0.03	0.021
아스팔트쉬트방수	0.27	0.003	0.011
누름콘크리트	1.6	0.1	0.063
기와(천연슬레이트)	1.5	0.02	0.013
압출법보온판 1호	0.028	0.25	
외기측표면열전달저항			0.043

문			
창호/문 명칭	창호종류	열관류율[W/(㎡ · K)]	G값
일반문	단열문	0.6	0.0

창호			
창호/문 명칭	창호종류	열관류율[W/(㎡ · K)]	G값
유리창	3중유리 시스템 창호	0.8	0.6

연간 에너지요구량 데이터

연간 에너지요구량			94.9 [kWh/(m2)]
난방 에너지요구량	9.9 [kWh/(m2.a)]	난방면적	256.6 [m2]
냉방 에너지요구량	22.7 [kWh/(m2.a)]	냉방면적	256.6 [m2]
조명 에너지요구량	32.8 [kWh/(m2.a)]	조명면적	277.5 [m2]
급탕 에너지요구량	29.2 [kWh/(m2.a)]	급탕면적	380.7 [m2]

연간 에너지요구량 분포도

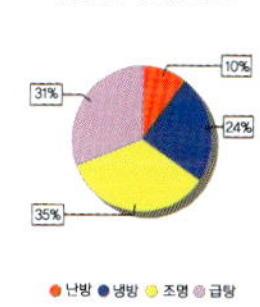

월별 에너지요구량 분석

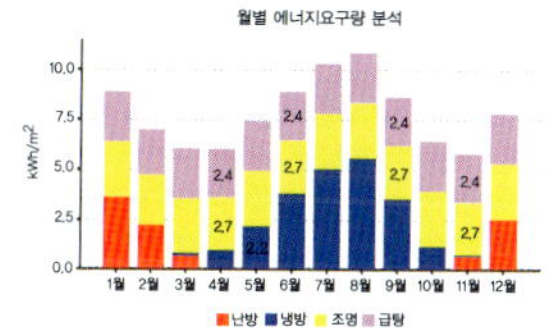

[kWh]

	합계	1월	2월	3월	4월	5월	6월	7월	8월	9월	10월	11월	12월
난방에너지 요구량	2,539.2	938.3	582.7	178.8	0.0	0.0	0.0	0.0	0.0	0.0	0.0	176.1	663.3
단위면적당 요구량	9.9	3.7	2.3	0.7	0.0	0.0	0.0	0.0	0.0	0.0	0.0	0.7	2.6
냉방에너지 요구량	5,811.9	0.0	0.0	32.4	[illegible]	[illegible]	[illegible]	[illegible]	1,440.3	915.4	309.1	17.8	0.0
단위면적당 요구량	22.7	0.0	0.0	0.1	1.0	2.2	3.8	5.16	5.6	3.6	1.2	0.1	0.0
조명에너지 요구량	9,114.9	774.1	699.2	774.1	749.2	774.1	749.2	774.1	774.1	749.2	774.1	749.2	774.1
단위면적당 요구량	32.8	2.8	2.5	2.8	2.7	2.8	2.7	2.8	2.8	2.7	2.8	2.7	2.8
급탕에너지 요구량	11,116.1	944.1	852.7	944.1	913.7	944.1	913.7	944.1	944.1	913.7	944.1	913.7	944.1
단위면적당 요구량	29.2	2.5	2.2	2.5	2.4	2.5	2.4	2.5	2.5	2.4	2.5	2.4	2.5

인간은 발열동물이다

인간은 스스로 열을 만들고, 열을 주고받는 동물이다.

몸 속에 열이 있기 때문에 주변 온도에 매우 민감하게 반응한다. 덥다고 느끼면 에어컨을 켜고, 춥다고 느끼면 온돌을 찾는 이유가 그렇다.

인간은 숨을 쉬는 동물이다. 몇 초라도 산소를 들여 마시지 못하면 죽는다. 탁한 공기에 머리 아파하고, 더러운 공기는 인체를 병들게 한다. 가끔 공기의 소중함을 모르고 살다가 시원한 공기 앞에선 몸 속의 폐까지도 열어 젖힌다.

발열동물이자 숨을 쉬어야 하는 인간이 살아가는 건축물은 지금까지 소유와 투자의 대상이었다. 세대 간의 소음, 더운 집, 추운 집, 곰팡이가 있는 집, 물이 새는 집이여도 소유만 한다면 언젠가는 돈이 될 거라는 희망으로 껴안고 살았다. 그러나 에너지 값은 하늘 높은 줄 모르고 치솟았고, 사람은 쾌적하지 못하고 불쾌한 공간에서 아토피, 폐렴, 두통을 호소하기 시작했다.

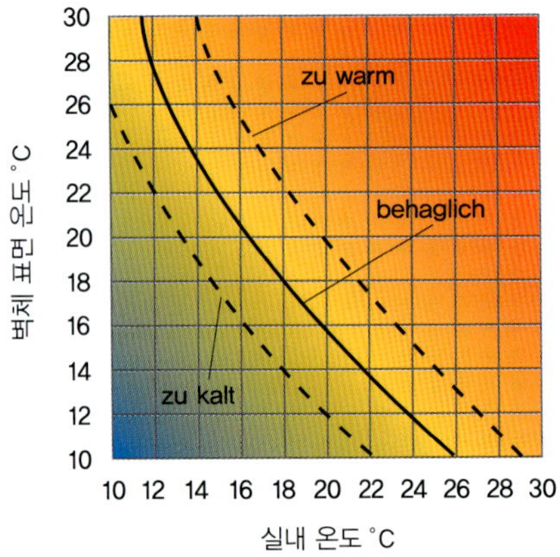

그림 1 공간 쾌적도

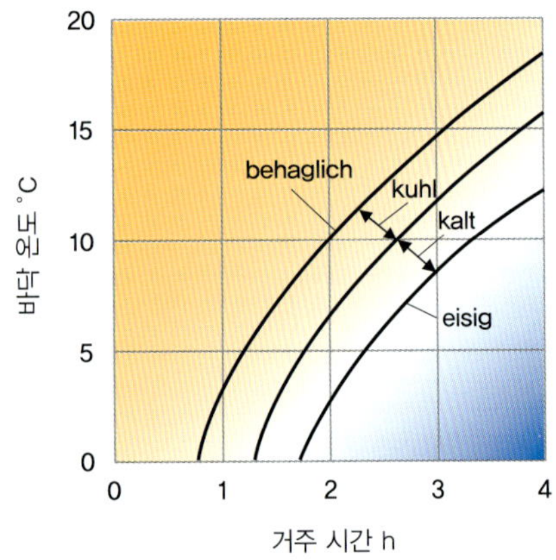

그림 2 바닥 난방 쾌적도

그렇다면 인간에게 가장 쾌적함을 주는 공간의 조건은 무엇일까?

실내온도는 20~22℃를 유지하여야 하고, 벽체는 열을 저장해야 하는 축열성능을 가지고 있는 상황에서 16~18℃를 유지하여야 한다. 바닥온도는 22~24℃ 사이여야 하며, 실내 상대습도는 50~60%가 되어야 한다. 또한 공기흐름 또한 1초에 0.2m 흐르도록 해야 한다.

비바람만 가린다고 건축물이 아니다. 쾌적하다고 느끼려면 에너지가 절실히 필요하다. 건축물에서 에너지를 쓰는 설비장치는 난방, 냉방, 급탕, 환기, 조명 등의 설비시스템이다. 5가지 설비시스템만 잘 가동시킨다면 항상 쾌적하게 살 수 있다. 그러나 이 논리는 화석에너지가 무한하다고 생각하던 시절의 이야기이다.

그렇다면, 건축물 스스로 에너지를 절약하는 방법은 없는가? 기후온난화와 자원 유한화의 위기에 봉착하면서 선진국은 에너지를 덜 쓰는 집을 만들기 시작하였다. 과연 에너지절약형 건축물은 어떤 집이며, 어떠한 요소들이 들어가는가?

에너지 절약형 건축물은 난방을 하기 위해서 별도의 에너지를 쓰지 않고 주택 내에서 발생한 모든 열에너지를 재이용하는 건축물이다. 특히 태양복사열, 거주인의 몸과 조명에서 발생하는 열, 음식을 하는 동안 발생한 열, 그리고 폐열회수환기장치를 통해 보호되는 열원만으로도 추운 겨울을 따뜻하게 보낼 수 있는 집이다.

보일러를 틀지 않아도 따뜻한 집이 어떻게 가능할까?

"디자인이 곧 에너지 절약이다"라는 명제가 앞으로의 미래를 지배할 것이다. 건축물 기본 계획이 매우 중요하다. 기본 설계단계에서부터 에너지 절약형 건축물을 설계하고자 하는 의지가 필요하다. 향을 고려한 계획, 간절기 동안의 자연환기가 가능할 수 있는 창호 위치 및 폭 조절, 단열과 기밀성이 우수한 유리 및 창호선정, 열교가 없는 실시설계, 고효율 폐열회수환기장치 그리고 외단열 시스템이 바로 절약 요소 기술의 핵심이다.

에너지 절약형 건축물을 디자인을 하기 위해서는 기본 설계단계에서부터 에너지 요구량 숙지와 에너지 절약형 인증자재 사용을 고려해야 한다. 또한 잦은 설계변경 시 에너지 시뮬레이션을 의무적으로 실시하여야 하며, 실시설계단계에서는 열교점

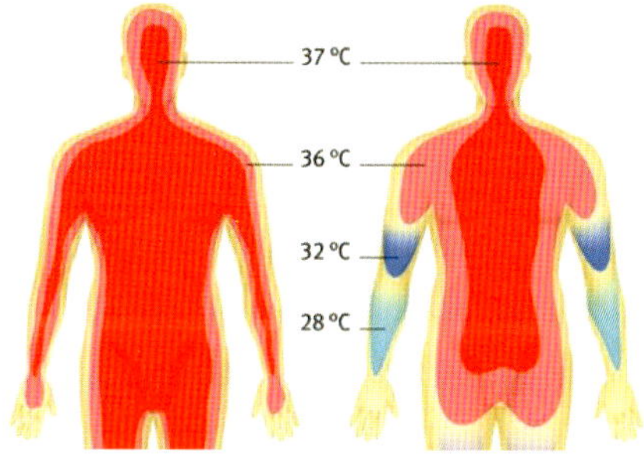

출처 : Walter Bläsi, Bauphysic, BDT

을 체크한 디테일을 만들어야 한다. 시공단계에서는 설계도서에 따라 시공하고 건축물 완공 후에는 기밀성 검토 및 열화상 카메라로 열손실을 체크하여야 한다. (98쪽 참고)

기존 건축물을 설계할 때 고려했던 사항은 구조, 기능, 미(美)라고 해도 과언이 아니다. 안전하고, 실용적이면서도 아름다운 건축물이어야 했다. 그런데 21세기에 '에너지'와 '쾌적'이라는 항목이 들어가면서 건축물 설계 시 검토해야 할 사항이 갑자기 늘어나게 된 것이다. 에너지 요구량 숙지, 에너지 소요량, 1차 에너지 요구량, 에너지 절약형 자재 검증 및 선정, 에너지 시뮬레이션, 열교 없는 디테일 개발 등이다. 지금껏 건축계에서 사용하지 않았던 사항들까지 건축가가 짊어져야 하니 건축가의 역할이 매우 광범위해졌다고 할 수 있다.

그 중 에너지 시뮬레이션은 무엇이며 어떻게 진행하는가?

에너지 시뮬레이션은 현재 건축가가 설계하고 있는 건축물이 완공 후 1년이라는 기간 동안 건축물이 사용하게 될 냉방, 난방, 급탕, 환기, 조명 에너지량을 미리 프로그램을 통해 예측하는 것을 의미한다. 에너지 시뮬레이션은 3가지 큰 카테고리로 나뉜다.

첫째, 건축물의 에너지 절감요소를 반영하여 절감하게 될 에너지 요구량 계산, 둘째, 건축물 내 기계설비시스템이 소비하게 될 에너지 소요량 계산, 그리고 마지막으로 신 · 재생에너지가 추가 될 경우 신 · 재생에너지를 통한 에너지 생산량 계산을 들 수 있다. 그 이외에도 에너지 시뮬레이션 프로그램은 건축가가 에너지 절약형 건축물로 건축물을 설계할 수 있도록 도와주는 체크 도우미 역할을 한다는 것이다.

예를 들어, 에너지 절약형 건축물에는 등급이 있다. 저에너지 하우스, 3리터하우스, 그리고 초 에너지 절약형 주택 등급의 하우스가 있다. 어느 정도로 난방에너지와 냉방에너지를 절약하느냐에 따라 에너지 절약형 건축물 등급이 나누어진다.

각 에너지 절약형 등급에 따라 필요한 1차 에너지 소요량과 난방 및 냉방 에너지 요구량에 대한 기준이 있다. 특히 초에너지 절약 등급(독일 패시브 등급)의 건축물은 1차 에너지 소요량이 120kWh/m^{2}a이다. 냉방 및 난방 에너지 요구량은 각각 15kWh/m^{2}a이다. 초 에너지 절약형 주택 등급의 에너지 절약형 건축물을 설계하는 과정에서 적용하여야 할 요소들과 수치들을 에너지 시뮬레이션 프로그램에 입력한다. 이 시뮬레이션은 단순히 요소들의 수치를 입력하는 것에 만족하지 않고, 도출된 결과가 원하는 등급이 아닐 경우에는 각 부분별 요소들의 등급을 높이면서 설계할 수 있도록 도와줄 수 있다.

기본계획단계부터 에너지절약형 설계와 자재선정을 고려

To Consider in Schematic Design Stage Energy Saving Drawings & Material

– Energy Saving Technology

저에너지 건축물

[Niedrigenergiehaus]

• 40 ~ 79 kWh/m²a. • 4.0 ~ 7.9 liter/m²a.

main direction oriented to the South

system windows with 3 layer glazing

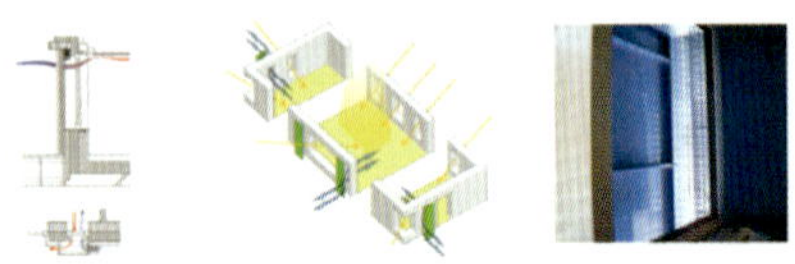

Outside insulation

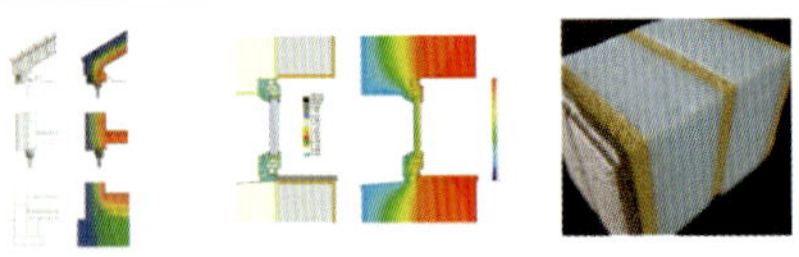

창호 + 벽 : 열교점 분석 및 열교 계산 + 디테일 개발 및 자문

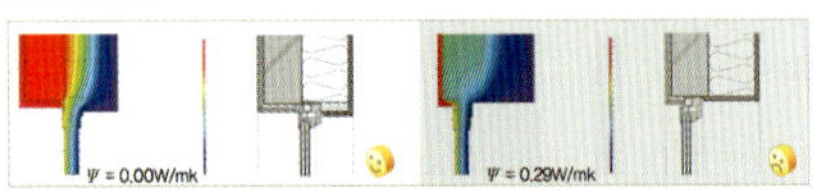

Efficient equipment

3리터 등급 건축물

[Drei liter haus]

• 16 ~ 39 kWh/m²a. • 1.6 ~ 3.9 liter/m²a.

system windows with 3 layer glazing

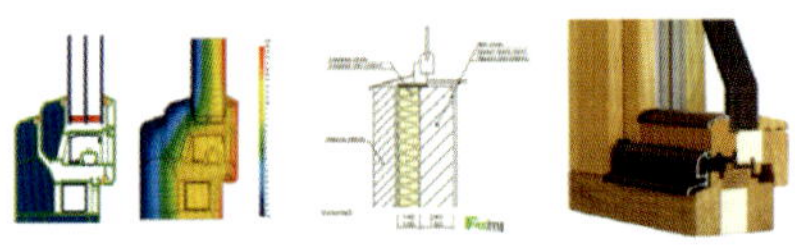

external blinds

heat recovery ventilation

기초 : 열교점 분석 및 열교 계산 + 디테일 개발 및 자문

Home Automation

Plus Energy

Zero-Energy

0 KWh/m²a oder Energieuberschuss.

초 에너지 절약형 건축물

[Passivhaus]

• max. 15 kWh/m²a. • max. 1.5 liter/m²a.

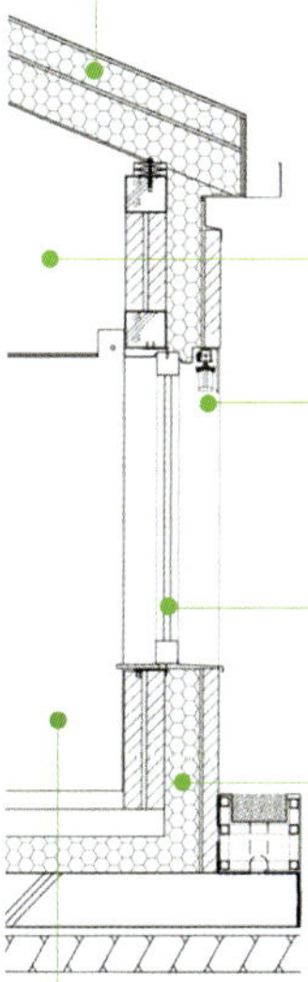

지붕

복사열을 가장 많이 받는 부분으로 단열성능 극대화

폐열회수환기

신선한 바깥공기를 내부공기와 교차시켜 온도차를 최소화 시킨 후 환기

외부차양

여름철 태양 직사광선 및 열 차단

창호

3중 유리, 고단열 프레임으로 열 손실을 효과적으로 차단

벽체

중심에 단열재 3cm충진, 외부에 20cm를 쌓아 보온성능 극대화

실내

전자기기나 인체에서 나오는 열, 태양열로 난방에너지 해결

– 국립과천과학관 내 그린홈 단면도

태양열 진공관

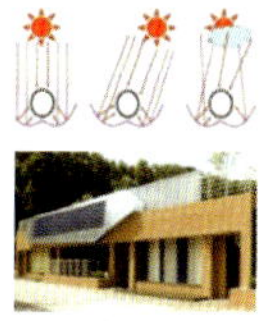

▲ 해우 갤러리

풍력 에너지

수소연료전지

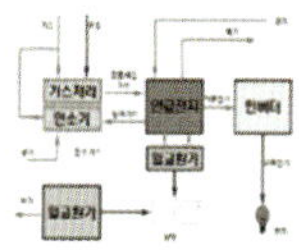

지열 에너지

여름철 냉방시

겨울철 난방시

펠렛 보일러

에너지절약은 기본설계부터!!

건축가가 건축주로부터 에너지절약형 건축물 또는 에너지 효율등급 1등급 건축물 설계를 의뢰받게 되면 어떤 프로세스로 건축물을 설계할까?

설계 초기단계부터 에너지 절약형 건축물을 설계하겠다고 생각하는 건축가도 있겠지만, 설계를 다 마친 후에 에너지 시뮬레이션 또는 인증 건은 외주업체에게 맡기면 된다고 생각하는 건축가도 있을 것이다. 실제로 국내 대부분 공공기관 설계용역 발주처 또는 건축심의위원회까지도 과정이야 어떻든지 준공 시에 친환경 건축물 인증서, 또는 효율등급 인증서만 제출하라고 요구하고 있다. 그렇다면 건축가가 설계한 건축물이 에너지 효율등급 1등급인가? 아니면 4등급인가를 알 수 있는 시점은 언제일까? 정확한 데이터 값을 알 수 있는 단계는 건축가가 실시설계를 모두 끝냈을 때이다. 최종 실시설계도면으로 에너지 시뮬레이션을 했을 때만이 건축물 1차 에너지 소요량을 최소오차범위에서 예측 가능하기 때문이다. 그러나 문제는 너무 늦게 에너지 효율등급 수준을 알게 된다는 것이다. 건축주가 원하는 에너지 효율등급이 실시설계 완료 후에 도출되지 않았을 경우, 실시설계를 대대적으로 변경해야만 한다든가 혹은 초에너지 절약형 등급(패시브 등급)을 만들어야 하는 경우라면 기본계획부터 다시 검토해야 하는 경우도 발생하게 된다. 설상가상으로 설계변경 후에 다시 건축허가를 신청하거나 설계를 다시 해야 하는 상황이 발생되므로 설계기간이 연장되고 설계 변경비가 별도로 발생하게 된다. 시공업체를 선정해 둔 상황이라면 계약기간 내에 건축물을 완공하기 어렵게 되며, 최악의 상황에서는 예상치 않는 공사비에 사업계획 자체가 흔들릴 수 있다.

건축주는 에너지 절약형 또는 에너지 효율등급 1등급을 원했지만, 설계 후 건축물 에너지 성능이 매우 열악하다는 사실을 알았을 때, 이 모든 책임은 누구 몫인가?

엄밀하게 말하면 바로 건축가의 몫이다. 왜냐하면 첫째, 기본계획단계부터 에너지절약형 건축물을 설계하지 못했다는 것이고, 둘째는 설계가 진행되는 과정에서 건축주에게 정확한 에너지 시뮬레이션 결과를 첨부하면서 상승요인이 될 요소들을 보고 및 설득하지 못했다는 것이다. 따라서 건축가가 이러한 오류를 범하지 않기 위해서는 철저히 기본계획단계에서부터 에너지 절약형 건축물을 설계하기 위한 노력을 해야 한다. 이렇듯 기본계획단계에서부터 만들어 가야하는 에너지 절약형 건축물과 에너지 효율등급 1등급과 어떤 관계가 있는가? 에너지효율등급 1등급을 만들기 위해서는 먼저 에너지 절약형 건축물을 설계해야 한다. 에너지 절약형 건축물을 만들지 않고 에너지 효율등급 1등급을 성취하기 어려우며 성취한다고 하더라도 신·재생 에너지 설치에 어마어마한 비용을 지불하여야 한다.

그렇다면 에너지 절약형 건축물인지 아닌지를 체크할 수 있는 단계는 언제부터인가?

건축가는 기본설계과정에서부터 에너지 절감요소 도입, 관련자재 선별, 벽체, 지붕, 기초 구성 그리고 공간을 구분하고 계획하면서 기본계획을 정리해 나가야 한다. 이러한 설계과정 중에 에너지 시뮬레이션 프로그램을 사용하면서 검토하기 시작한다면 허가도면이 완성되어지는 단계에서는 벌써 개략적인 에너지 요구량을 알 수 있게 된다.

즉, 설계과정에서 두 번의 에너지 시뮬레이션을 실시해야 하는데, 기본계획이 끝난 후에는 '에너지 요구량'을 산출하기 위해 실시하고, 실시설계가 끝난 후에는 '에너지 요구량', '에너지 소요량', '신·재생 에너지 소요량'을 산출하기 위해서 다시 한 번 실시해야 한다. 물론 허가도면만으로도 에너지 요구량, 에너지 소요량, 신·재생 에너지 소요량을 계산할 수 있다. 하지만 아직 세부적인 디테일이 나와 있지 않는 상태에서의 예측이므로 최종 결과치와 비교하여 오차범위가 클 수 있다는 단점과, 실시설계과정에서 수시로 변하는 공간과 공법에 대한 부분 때문에 기본계획단계 에너지 시뮬레이션만으로 전체 건축물의 에너지를 가늠해서도 안 된다는 단점이 공존하고 있다. 그러나 기본계획단계의 결과물이라 할 수 있는 허가도면으로 에너지 요구량을 정확히 산출하여 기본적으로 건축물이 사용하게 될 냉방과 난방 에너지량을 산출하여야 한다.

에너지 요구량의 개념은 정확히 무엇이며, 어떠한 정보를 입력함으로써 산출할 수 있는가?

'에너지 소요량'을 줄이기 위해 산출해야 하는 '에너지 요구량'은 건축물 내 재실자에게 직접적으로 영향을 미치는 난방, 냉방, 조명, 환기, 급탕에 필요한 에너지량이다. '에너지 요구량'은 건축물 에너지 절약 요소기술에 대부분 영향을 받게 되는데, 절감 요소를 반영하여 설계한 건축물의 1차 에너지 소요량이나 이산화탄소 배출량은 기존 건축물 대비 70% 이상 절감시킨다. '에너지 요구량'을 산출하기 위한 에너지 시뮬레이션 프로그램에 입력해야 하는 데이터는 유리 면적, 층고, 천정고, 비난방공간과 난방공간의 조닝에 따른 면적계산 그리고 볼륨대비 외피면적비 등이다. 위의 입력항목을 살펴보면 건축물 기본계획 완료 후에 검토해야 하는 사항이 아니라 초기 기획단계에서부터 검토해야 할 사항들이다. 특히 배치에 대한 부분은 일례로 단지계획을 할 경우 경제성만을 원칙으로 필지를 구획하던 기존 방식에서 벗어나서 건축물이 남향 또는 남동향으로 배치되도록 필지를 구획하는 일부터 검토해야 한다. 또한 볼륨대비 외피면적의 비율 또한 초기단계에서 건축물 매스를 구상할 때 검토되어야 할 사항이다. 과도한 요철이라든가 매스의 분절은 근본적인 에너지절감에 불리한 요소들이다. 따라서 층고와 천정고를 정할 때도 과도한 천정고로 계획한다면 볼륨대비 외피면적 값에 불리하게 된다. 다음은 용도프로필이다. 공간을 어떻게 사용할 것인가? 누가 사용할 것인가? 몇 명이 사용할 것인가? 그리고 어떤 발열기계가 몇 개 정도 그 공간에 설치 될 것인가? 를 정확히 기획하고 각각의 공간을 설계해야 한다. 이 용도프로필은 공간조닝과 밀접한 관계를 갖고 있어서 매우 엄격하게 구분하여 정리하여야 한다. 다음은 관류율값이다. 건축물 각 부위의 관류율값은 건축물을 어느 등급으로 설계할 것인가에 따라 다르지만 초에너지 절약형 건축물(패시브 등급) 등급으로 설계할 예정이라면 다음과 같은 독일 기준을 참고하며 설계 초기단계에서부터 벽체에 사용할 자재 선정 및 구성에 대해 검토하여야 한다. 독일 초 에너지 절약형 주택 연구소가 발표한 초에너지 절약형 건축물 설계를 위한 기준은 난방 에너지 요구량 15kWh/m^{2}a, 냉방 에너지 요구량 15kWh/m^{2}a, 벽체 열관류율값 0.15kWh/m^{2}a, 지붕 열관류율값 0.1kWh/m^{2}a, 창호 열관류율값 0.8kWh/m^{2}a이다.

과거에는 실시설계단계에서 건축자재에 대한 특성과 두께를 정리해 나간다면, 에너지 절약형 건축물을 설계하기 위해서는 기본계획 단계에서부터 에너지 절약형 자재에 대한 정확한 특성을 이해하고 디테일을 정리하여야 기본계획단계에서 부위별 관류율값을 도출하면서 에너지 요구량을 산출할 수 있다는 것이다.

'에너지 소요량'은 에너지 요구량을 충족시키기 위해 설비시스템에 사용되는 기름, 가스, 전기 등과 같은 연료 에너지 소요량이다. 에너지 요구량의 크기에 따라 설비시스템의 종류, 용량, 효율, 단열 등이 영향을 받게 되는데 설비장치가 아닌 건축적인 방법으로 에너지 요구량이 크게 절감되었다면 에너지소요량도 따라서 줄어들게 된다. '에너지 소요량'을 절감시키는 방법은 '에너지 요구량'을 줄이는 것과 신 · 재생 에너지 사용량을 늘리는 것을 동시에 검토하면서 계획하여야 한다. '에너지 소요량'을 산출하기 위해 입력해야 하는 데이터 요소는 공조처리시스템, 난방분배시스템, 난방공급시스템, 냉동기기, 냉방분배시스템, 그리고 냉 · 난방공급시스템 등이 있다. 고효율 설비를 선택 및 설치하되, 분배를 위한 배관망의 범위를 줄이는 일도 매우 중요하다. 마지막으로 신 · 재생에너지 태양광시스템, 지열시스템, 태양열시스템 그리고 수소연료전지 등 선택한 에너지 사양에 대한 내용을 전달해야 한다.

에너지 소요량 평가

에너지 소요량 산출 목적

- 단지 내 제로에너지 주택 및 에너지절약형 주택의 총 에너지 소요량을 산출 후, 도입해야 할 신·재생 에너지량 예측

Forest 영역의 주택과 Urban 영역의 타워형 그린주택으로 구분하여 산출

평가 기준주택 설정

- 149㎡(45평)형, 1세대 4인 가족을 기준으로 하여 세대별 요구에너지량(냉·난방, 급탕, 전력) 산정

1.5리터 주택(패시브 하우스)의 에너지 요구량 기준

- 난방에너지 요구량 : 15 kWh/㎡a
- 1차에너지(냉·난방, 조명, 환기, 급탕을 포함) 소요량 : 120 kWh/㎡a 이하

● LEED ND 항목

3. Green Construction & Technology	
Prereq 1	Construction Activity Pollution Prevention 그린빌딩 개념을 활용하여 건물의 설계, 시공, 리모델링을 유도
Prereq 2	Minimum Building Energy Efficiency 에너지 효율적인 시공 및 설계 유도
Credit 1	Certified Green Buildings 그린빌딩 개념을 활용하여 빌딩의 설계, 시공, 리모델링을 유도
Credit 2	Building Energy Efficiency 에너지 효율적인 시공 및 설계 유도
Credit 11	Solar Orientation 태양에너지 사용을 통한 에너지 절감 및 생산 유도
Credit 12	On-Site Energy Generation 지역에 맞는 에너지 생산
Credit 13	On-Site Renewable Energy Sources 지역 기후와 토양에 맞는 신 · 재생 에너지 사용
Credit 14	District Heating & Cooling 지역 냉 · 난방 사용
Credit 15	Infrastructure Energy Efficiency 공공기반 시설물 운영에 필요한 에너지 효율성 향상 유도

▪ **Forest 영역의 주택**

OPTION 1

지열과 태양광을 사용할 경우 (1세대 4인가족 기준)	
149㎡ (45평형) 주택이 1.5리터 하우스 일 경우	
난방에너지 제로 주택 가능	지열 3RT/세대
1차에너지 소요량 제로주택 가능	지열 3RT/세대 + 태양광 4kW/세대
Forest 단지 내 지열 및 태양광 설치 (1차 에너지 소요량 제로주택)	
109㎡ 42세대	(지열 2RT/세대=84RT) + (태양광 4kW/세대=168kW)
149㎡ 34세대	(지열 3RT/세대=102RT) + (태양광 4kW/세대=136kW)
2세대 독채형(2층형) 총 76세대 소계 : 지열 186RT + 태양광 304kW	
109㎡ 24세대	(지열 2RT/세대=48RT) + (태양광 4kW/세대=96kW)
92.5㎡ 30세대	(지열 2RT/세대=60RT) + (태양광 4kW/세대=120kW)
3세대 독채형 (3층형) 총 54세대 소계 : 지열 108RT + 태양광 216kW	
총 지열 294RT + 태양광 520kW	

OPTION 2

태양광과 태양열을 사용할 경우 (1세대 4인가족 기준)	
149㎡ (45평형) 주택이 1.5리터 하우스 일 경우	
난방에너지 제로 주택 가능	태양광 2kW/세대, 태양열 5㎡/세대
1차에너지 소요량 제로주택 가능	태양광 4kW/세대, 태양열 8㎡/세대
Forest 단지 내 태양광 및 태양열 설치 (1차 에너지 소요량 제로주택)	
109㎡ 42세대	태양광 168kW + 태양열 138.6kW
149㎡ 34세대	태양광 136kW + 태양열 112.2kW
2세대 독채형(2층형) 총 76세대 소계 : 태양광 304kW + 태양열 250.8kW	
109㎡ 24세대	태양광 96kW + 태양열 79.2kW
92.5㎡ 30세대	태양광 120kW + 태양열 99kW
3세대 독채형 (3층형) 총 54세대 소계 : 태양광 216kW + 태양열 178.2kW	
총 태양광 520kW + 태양열 429.0kW	

1.5리터 주택의 에너지요구량 기준
난방에너지요구량 max. 15 kWh/(m²a)
또는 난방부하량 max. 10 W/m²
공기압력 n50 max. 0.6 h-1
총1차 에너지 소요량 max. 120 kWh/(m²a)
주택의 경우, 콘센트전력 포함
급탕 3.3kW/세대(4인세대 기준)
전력(콘센트전력포함) 3.3kW/세대(4인세대 기준)

- Forest 영역의 주택은 1.5리터 하우스로 계획 및 시공
- 신·재생에너지를 사용하여 제로에너지 단지 조성
- 2세대 독채형 주택을 1세대가 사용할 경우에는 소요 태양광 면적이 작아질 수 있음

- 타워형 그린 주택은 Forest 영역의 주택에 비해 동별 세대수가 많아서 제로에너지 단지 계획은 비경제적
- 에너지 절약형 타워 건축물로 계획하면 일반 주택 대비 87.5% 이상의 난방에너지 절감 가능
- 따라서 에너지 절감요소를 도입하여 기본계획부터 설계하여야 하며, 엄밀한 자재선정과 함께 고도의 시공 기술력 필요

■ **Urban 영역의 타워형 그린주택**

일반주택 VS. 타워형 주택			
120세대 1.5리터 하우스 – 총 120세대(100㎡)/3개동			
	일반주택	초 에너지 절약형 주택	비 교
난방에너지	총 48,000리터 소요	총 6,000리터 소요	일반주택 대비 87.5% 절감
급 탕	총 396kW	총 396kW	동 일
조 명	총 396kW	총 396kW	동 일

신 · 재생에너지 건축

여러 형태의 신·재생에너지를 동시에 사용하되, 부지와 건물의 이용특성을 고려하여 최적화 될 수 있도록 계획

영역별 신 · 재생 에너지원 구성계획

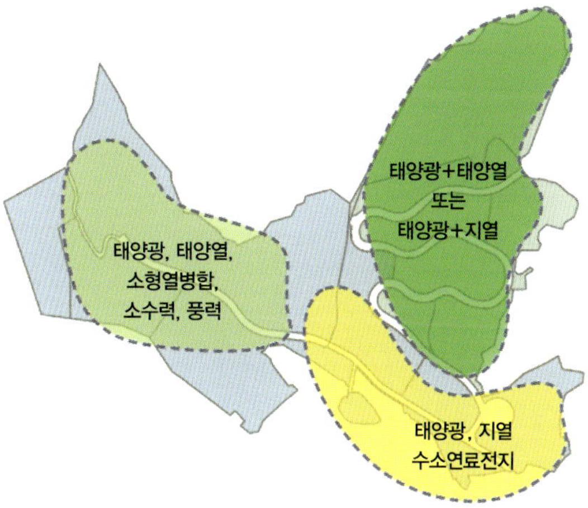

태양에너지 이용

– 지붕, 창, 블라인드에 적용하여 태양에너지 이용

풍력에너지 이용

– 부지 내의 작은 풍량에도 지속발전이 가능하도록 시스템 계획

지열에너지 이용

– 대상 건물의 활용특성을 고려하여 지열시스템 방식을 결정

수소연료전지

– 비상 시 건물에 전원을 공급하고 이동식으로 사용 가능하도록 계획

소형열병합 발전

– 단지의 폐기물 발생 특성을 고려한 최적의 입지 선정 필요

소수력에너지 이용

– 경사지의 특성을 감안하여 낙차에너지 활용

건축주 기왕이면 모든 건축물을 Zero Energy 건축물로 만들어 달라고 요구했다. 그러나 건축가는 이 부분에서 단호히 거절했다. Zero Energy를 만들기 위해 더 많은 비용을 투입해야 하고, 제작과정에서 탄소를 발생시키는 자재나 설비시설에 의존하는 것은 올바른 생각이 아니라고 하였다.

건축가 제로에너지를 만드는 방법은 에너지절약에서부터 시작된다. 건축물에서 난방에너지와 냉방에너지를 에너지 절감 요소로 줄이면 그 이외의 환기, 급탕, 조명에너지는 신·재생에너지로 대체할 수 있다. 이 세 가지를 신·재생에너지로 대체하기 위해서는 전기에너지와 열에너지가 동시에 필요하다. 작은 소형주택을 제로로 만드는 일은 어렵지 않으나, 단시 조입의 Urban Area 전체를 제로로 만드는 일은 매우 많은 비용이 투자되어야 한다. 오히려 숲 속의 주택은 제로에너지 건축물로 설계하되, Urban Area는 에너지 절약형 건축물로 설계하는 것이 바람직하다고 생각했다. Urban 단지까지 제로로 만들기 위해서는 단지 내에 신·재생에너지를 사용한 열병합 발전소가 필요하기 때문이다.

꼭 제로에너지 건축물이 아니더라도 일반 건축물에 신·재생에너지를 사용하여 화석에너지 사용을 최소화하기 위해서는 에너지관리공단이 발주한 [일반건축물 신·재생에너지 설비 시스템 표준 설계 가이드라인, 이명주, (주)제드엠제이건축사무소, 2010]을 참고한다면, 신·재생에너지원 선정, 설치량, 설치면적에 관한 정보를 얻을 수 있을 것이다.

탄소 저감 CO_2

a. 화석에너지 사용량의 최소화를 통한 절감
b. 자연에너지 활용의 최대화를 통한 절감
c. 에너지원의 효율적인 조합을 통한 절감

친환경 · 에너지 절감 건축물 관련 인증제도

친환경 건축물 인증제

부문	평가항목	적용
1. 토지이용	1.1.1 기존 대지의 생태학적 가치	○
	1.2.1 일조권 간섭방지 대책의 타당성	○
	1.3.1 커뮤니티 센터 및 시설계획 여부	○
	1.3.2 단지 내 보행자 전용도로 조성여부	○
	1.3.3 외부보행자 전용도로 네트워크 연계여부	○
2. 교통	2.1.1 대중교통에의 근접성	○
	2.1.2 자전거 보관소 및 자전거 도로 설치여부	○
	2.1.3 도시중심 및 지역중심과 단지중심간의 거리	○
3. 에너지	3.1.1 에너지 효율 향상	○
	3.2.1 신 · 재생 에너지 이용	○
4. 재료 및 재원	4.1.1 라이프 사이클 변화를 고려한 평면개발	○
	4.2.1 생활용 가구재 사용 억제 대책의 타당성	◎
	4.3.1 재활용 가능자원의 분리수거	○
	4.3.2 음식물 쓰레기 저감	○
	4.4.1 유효자원 재활용을 위한 친환경 인증제품 사용여부	●
	4.4.2 재료의 탄소배출량 정보표시	●
	4.4.3 기존 거축물의 재사용(주요구조부)으로 재료 및 자원의 절약	●
	4.4.4 기존 건축물을 재사용(비내력벽)하여 재료 및 자원의 절약	○
5. 수자원	5.1.1 우수부하 절감 대책의 타당성	○
	5.2.1 생활용 상수 절감 대책의 타당성	○
	5.2.2 우수 이용	○
	5.2.3 중수도 설치	○
6. 환경오염	6.1.1 이산화탄소 배출 저감	○
	6.1.2 오존층 보호를 위한 특정물질 사용금지	○
7. 유지관리	7.1.1 환경을 고려한 현장 관리 계획의 합리성	◎
	7.2.1 운영/유지관리 문서 및 지침제공의 타당성	◎
	7.3.1 사용자 메뉴얼 제공	◎
8. 생태환경	8.1.1 연계된 녹지축 조성	○
	8.1.2 자연지반 녹지율	○
	8.2.1 생태면적율	○
	8.3.1 비오톱 조성	○
9. 실내환경	9.1.1 실내공기오염물질 저방출 자재의 사용	
	9.1.2 자연 환기성능 확보여부	◎
	9.1.3 건축 자재로부터 배출되는 그 밖의 유해물질 억제	◎
	9.2.1 각 실별 자동온도 조절장치 채택여부	◎
	9.3.1 층간 경계바닥 충격음 차단 성능	◎
	9.3.2 세대간 경계벽 차음성능	◎
	9.3.3 교통 소음(도로, 철도)에 대한 실내 · 외 소음도	◎
	9.3.4 화장실 급배수 소음	◎
	9.4.1 세대 내 일조 확보율	◎

LEED

부문	평가항목	적용
Sustainable Site	SS 1. 농지, 습지, 미개발지역 개발금지	○
	SS 3. 오염된 대지재개발	○
	도로(간선도로, 이면도로): 차길, 자전거길, 가로수길, 보행자길(Barrier Free Design)	○
	SS 4.1 공공버스정류장, 캠퍼스 버스정류장 인접여부	○
	SS 4.3 저매연&고효율 자동차를 위한 시설제공	○
	SS 4.4 주차대수 최소화 및 공공교통 이용유도	○
	SS 5.1 대지개발 최소화로 자연지역 보호	○
	SS 5.2 대지개발 최소화로 Open Space 최대화	○
	SS 7.1 도로, 인도, 주차장의 열섬효과 방지	○

○마스터플랜시 고려
●사업진행 과정에서 고려
◎건축물 기본계획 단계 고려

Energy & Atmosphere	EA 필수 : 에너지시스템 전반에 걸친 기본적인 커미셔닝	○
	EA 필수 : 최소에너지 수행기준	○
	EA 필수 : CFC 냉매사용금지	○
	EA 1. 최적화에너지 수행기준	○
	EA 2. 지역 내 신 · 재생에너지	○
	EA 3. 기본적인 커미셔닝 실행에 추가사항 이행	○
	EA 4. 오존파괴 감소시키기 위한 냉매관리	○
	EA 5. 지속적인 에너지 절감에 대한 측정과 검증	○
	EA 5.1 측정과 검증 – 건축물	◎
	EA 5.2 측정과 검증 – 임대자	◎
	EA 6. Green Power	◎
Material & Resource	MR 필수 : 재활용품 분류 및 저장소	◎
	MR 1. 건축물 재사용 – 기존 건축무 벽, 바닥 그리고 지붕 재사용	◎
	MR 1.2. 건축물 재사용 – 기존 건축물 벽, 바닥 그리고 지붕 재사용	◎
	MR 2. 건축구조 폐기물 재활용	◎
	MR 3. 재료 재활용	◎
	MR 4. 재활용 자재사용	◎
	MR 5. 지역자재	◎
	MR 6. 자연에서 빨리 성장하는 자재사용	◎
	MR 7. 인증된 나무	◎
Water Efficiency	WE 필수 : 물사용 최소 / 절약	○
	WE 1. 조경용수 절약	○
	WE 2. 오수처리 신기술 적용	○
	WE 3. 물사용 절약	○
	WE 4. 설비용수(Process Water) 사용 절약	○
Indoor Environmental Quality	IEQ 필수1 : 최소한의 실내 공기질 성능	◎
	IEQ 필수2 : 흡연조절(ETS)	◎
	IEQ 필수3 : 최소한의 방음 성능	◎
	IEQ 1 : 외기 유입모니터링	◎
	IEQ 2 : 향상된 공조	◎
	IEQ 3/3.1 : 공사기간동안의 실내공기질 관리 구축	◎
	IEQ 3.2 입주전 실내 공기질 관리 구축	◎
	IEQ 4.1 : 열 관류율 낮은 접착제 및 마감재	◎
	IEQ 4.2 : 열 관류율 낮은 페인트 및 코팅제	◎
	IEQ 4.3 : 열 관류율 낮은 바닥재	◎
	IEQ 4.4 : 열 관류율 낮은 종합목재, Agrifiber제품	◎
	IEQ 4.5 : 열 관류율 낮은 가구	◎
	IEQ 4.6 : 열 관류율 낮은 천정 및 벽체 시스템	◎
	IEQ 5 : 실내 화학적, 오염원 조절	◎
	IEQ 6.1 : 조명 조절 시스템	◎
	IEQ 6.2 : 쾌적한 실내온도 조절 시스템	◎
	IEQ 7/7.1 : 단열디자인	◎
	IEQ 7.2 : 단열인증	◎
	IEQ 8.1 : 일조	◎
	IEQ 8.2 : 전망	◎
	IEQ 9 : 향상된 방음 성능	◎
	IEQ 10 : 곰팡이 방지	◎

친환경 건축물 인증 실내환경과 LEED의 Indoor Environmental Quality 부분은 [건축물 기본계획 단계]에서부터 검토되어져야 한다.

Leed

건축주 미국의 인증제도를 이용한다는 것이 그렇게 내키는 일은 아니었다. 그러나 분명한 것은 우리나라에서는 이러한 체계적인 인증시스템이 갖추어져 있지 않다는 것이다. 인증시스템 도입은 다른 사례와 U-Forest 마을의 수준을 가늠해 본다는 것, 그 이상의 의미는 없을 것이다.

건축가 친환경단지, 에너지절약형 단지를 만들기 위한 기준보다는 건축물 기준을 찾았다. 물론 유럽 내의 에너지도시 프로젝트 체크리스트나 LEED ND와 같은 기준이 단지계획과 적합한 기준이었겠지만, 설계 당시에는 건축물 인증제도를 도입하여 단지 내 들어서게 될 건축물이 에너지 절약형이면서 친환경건축물로 계획되어져야 한다고 강조하고 싶었기 때문이다. 국내 친환경건축물 인증제, 미국 LEED 그리고 설계 당시에 국가 정책으로 막 부각되기 시작한 녹색인증제를 검토하였었다. 그리고 보든 항목을 마스터플랜 당시에 고려해야 할 사항, 사업 진행과정에서 고려해야 할 사항, 그리고 건축물 기본계획 단계에서 고려해야 할 사항으로 분류하여 체크리스트를 만들었다.

녹색 인증제(녹색기술) – 발췌 및 요약

녹색기술요소의 적용

적용가능한 녹색기술요소의 도입

대분류	중분류	소분류	적용
01 신 · 재생 에너지	01 태양광	02 초고효율 태양전지 및 모듈	○
		03 지상전력 태양전지 및 모듈	○
		04 박막형 태양전지	○
03 첨단수자원	01 히트펌프	01 전기구동 히트펌프	●
		02 열원구동 히트펌프	
		03 가스구동 히트펌프	
	02 자연친화적 하천관리	01 하천환경 조사/평가	○
		02 홍수터 보전, 복원	○
		03 자연친화적 하도 조성	○
		04 생물서식환경 조성	○
	04 자연재해 대응시스템	01 홍수방어 시설	○
		02 홍수 대응, 관리 시스템	●
		04 기후변화 평가, 예측, 적응	○
		03 물부족 대응 시스템	○
		05 가뭄, 홍수예측 및 피해저감	○
	05 통합 수자원관리	01 IT/GIS 기반 수자원 정보시스템	●
		02 유역 물 해석	●
		03 수자원 평가 및 관리	●
	06 수계, 수질 평가/관리	02 지상 수질 모니터링 시스템	●
		03 상, 하수 관망 유량/오염도 모니터링 시스템	●
		04 오염 하천 정화 장치	○
	09 고도수처리	02 하수 재이용 플랜트	○
		04 빗물 재이용 장치	○
		05 지능형 분리막 및 장착 시스템	●
04 그린 IT	01 LED	01 RGB LED 칩	
		06 디스플레이 LED 광원모듈	●
		09 지능형 LED 실외 조명기기	●
	02 시스템 반도체	01 정보통신/가전 반도체	●
		02 친환경 절전형 전력 반도체	●
	04 그린 SW & 솔루션	01 IT기기 에너지 절감 솔루션	●
		03 에너지 소비 모니터링 및 최적화 기술	○
		04 전동기 제어솔루션	●
	05 그린 컴퓨팅	02 분산 컴퓨팅 SW	
		04 그린 SW 플랫폼	
	07 차세대 센서 네트워크	01 개별물품 인식 RFID	
		02 광역 SUN 통신시스템	
		03 지능형 RFID/USN 미들웨어	
		04 지능형 에너지 절감형 USN 시스템	●
		05 사회기반시설 모니터링 USN 시스템	●
	09 스마트 그리드	01 디지털 변전 시스템	●
		02 송전시스템	●
		05 스마트배전 시스템	●
		06 초고압 직류송전시스템	●

○마스터플랜시 고려
●사업진행 과정에서 고려
◎건축물 기본계획 단계 고려

녹색인증

건축주 U-Forest 마을에는 많은 녹색기술이 활용된다. 이것은 녹색기술이 실제 삶에서 적용되는 현장이기도 하다. 이러한 측면에서 저탄소녹색마을 분야의 녹색사업인증을 받으려고 하였다. 그러나 관련기관과의 협의는 실망적이었다. 체계적인 준비가 되어 있지 않은 점도 그러했지만 마을조성 공사가 착공이라도 되어 실체가 있어야 한다는 이야기는 녹색기술의 실제적이고 종합적인 활용에 대한 이해 부족으로 밖에 볼 수 없었다.

건축가 녹색인증제 요소를 도입하고, 각각의 업체에 문의하여 자료도 받아보았다. 하지만 건축가로서 녹색기술 요소를 이해하는 데는 한계가 있었다. 이 많은 녹색기술들이 통합 응용분야인 건축물계획과 단지계획 분야에서 과연 어떻게 적용시킬지? 적용시키는 방법을 건축가와 도시계획가들에게 정확히 이해시키고 있는지 의문이었다. 기술과 응용은 절대 하나가 되지 못하고 있다는 사실을 알게 되었다. 그러나 이 프로젝트를 언젠가는 녹색사업이 될 수 있도록 만들어야 했기에 할 수 있는 범위 내에서 기술을 이해하려고 노력하였고, 그 기술과 적합한 용어를 사용하면서 보고서를 완성시켜 나갔다.

대분류	중분류	소분류	적용
05 그린카	01 그린카	01 하이브리드/전기자동차	○
		02 클린디젤 자동차	○
	02 저공해 고효율 차량	01 온실가스 저감형 자동차	○
		02 신 · 재생/저탄소연료 자동차	○
	06 그린자전거	01 전기자전거	○
		02 고부가가치형 경량 자전거	
06 첨단그린 주택, 도시	01 U-Clity	01 U-City 통합운영센터	●
		02 U-City 운영관리	●
		03 U-City 스마트 그리드	●
		04 Eco-Road 조성	○
		07 U-Eco 공간구축	○
	02 ITS	01 U-교통 서비스 기반	○
		02 교통연계 및 환승시스템	○
	03 GIS (공간정보)	01 실시간 능동형 국토 공간시스템	
		02 지능형 도시시설물 관리 시스템	●
		03 차세대 공간정보 융합시스템	◎
	04 저에너지 친환경주택	01 고효율 외피 시스템	◎
		02 저탄소 친환경 건축자재	◎
		03 고효율 설비시스템	◎
		04 농촌 환경 농가 주택	
10 환경보전 및 보전	01 기후변화예측 및 모델링	01 국가표준 기후변화 시나리오	
		02 지구시스템 모델링	
		03 탄소수지 정량화	●
	02 기후변화 영향평가 및 적응	01 기후변화영향 감시	
		02 기후변화영향, 취약성 평가	
		03 기후변화 적응	○
	03 폐기물 및 폐자원	02 폐기물/자원 재활용	○
		03 폐기물 저감	○
	04 유기성부산물 자원화	01 폐목재 에너지화	●
		02 하수슬러지 에너지화	
	05 친환경제품	01 친환경 원부자재	○
		02 환경친화성 첨가제	○
		03 환경친화적 제품설계 및 소재	○
	06 생태계 보전 및 복원	01 생태계 모니터링 및 정보관리	○
		02 인간 활동에 대한 생태영향 평가	○
		03 훼손된 장연생태계 복원관리	○
		04 토양지하수 오염/복원	○
	07 유행성 물질 모니터링 및 환경정화	01 에코 실내 환기설비	◎
		02 건물 공조용 공기 정화설비	◎
		03 기능성 건축자재	◎
		04 공기중 유해성물질 모니터링 센서	
		05 공기중 유해성물질 측정기	
		06 실내공기질(IAQ) 진단/개선컨설팅 프로그램	◎
		08 배기가스 수은 제거설비	

녹색사업 분류의 첨단 그린주택 · 도시 · 기반시설 보급 · 확산 사업 영역중 에너지 자립형 마을(저탄소 녹색마을) 조성사업 분류에 해당

U-FOREST

VII

기후변화 적응계획

U-Forest 입주민의 생활지침

주민운동과 주민활동의 중요성

친환경 패러다임의 변화

- 친환경에 대한 패러다임이 국가가 중심이 되는 '기후변화 방지활동'에서 기업이 중심이 되는 '녹색성장'으로, 그리고 이제 시민이 중심이 되는 '저탄소 사회'로 전환되었다는 것은 이제 시민 한 사람 한 사람의 친환경적인 생활이 없이는 안된다는 것임
- 그러므로 친환경적 삶의 실현에 있어서 주민활동과 주민운동의 중요성이 매우 증대되는 것임

전원지역의 도시개발 패러다임의 변화

- 구릉지나 전원지역에 대한 도시개발의 패러다임이 개인이 중심이었던 '전원마을'에서 환경과 생태를 생각하는 그룹들이 중심이 되는 '생태마을'로, 더 나아가 주민이 중심이 되는 '저탄소 녹색마을'로 전환되었다는 것은 이제 모든 전원지역의 개발 방향은 주민 스스로 친환경적인 삶을 원하고 실천하는 저탄소 녹색마을로 가야 함을 뜻하는 것임
- 그리고 저탄소 녹색마을의 실현에 있어서 주민활동과 주민운동의 중요성이 증대되고 있는 것임

생활지침

건축주 전원주택에 사는 사람들의 형태 중에 가장 흔한 것이 동호인주택이었다. 그리고 전원주택업자들이 산자락을 잘라내서 만든 계단형 택지를 사서 각자 원하는 형태의 각양각색의 주택을 짓는 부잣집 냄새가 나는 그런 집들이었다. 이전의 단지들과 U-Forest 마을이 다른 점 중 하나는 설계 때부터 입주민들에게 녹색생활을 전제로 한 공간을 만들고, 주택을 설계하고 여러 가지 에너지 관련 설비시설을 구비한다는 점이다. 일종의 녹색을 테마로 하는 Cohousing 개념의 주택단지이다. 그러므로 모든 입주민들이 자원하고 기쁜 마음으로 녹색생활을 즐겨야 한다. 학교, 일터, 쉼터가 인근에 함께 있어 장점이 큰 것은 물론이지만 결코 쉽지 않은 일이다. 그러나 U-Forest 마을의 성패를 좌우하는 가장 중요한 일 중의 하나이다.

건축가 이 마스터플랜을 설계하면서 계획안 보다 더 중요한 것은 입주민들의 마음가짐이라고 생각했다. 오늘날의 전원주거단지 설계 내에 저탄소 녹색성장이라는 패러다임의 변화가 부각되고 있다. 이제는 설계 단계 이후의 작업이 필요하다. 그것은 바로 주민간의 규칙과 생활지침이다. 입주민들이 직접 만들 새로운 질서는 지구와 다음 세대를 살릴 것이다.

U-Forest 마을의 주민운동과 활동

- 토지소유자, 사업시행자, 시공자, 분양자, 입주자, 운영자 등이 사업초기부터 저탄소 녹색마을의 개념을 가지고 사업을 진행하고 공간을 계획해가기 때문에 저탄소사회를 위한 주민운동에 유리한 환경 제공
- 특히 한밀숲학교의 학생, 학부모와 R&DB센터 직원이 마을에 거주하기 때문에 주민활동과 교육에 있어서도 상당한 강점이 있음

입주민의 생활지침

'입주민'의 범위

입주민은 건축물 및 시설의 소유자, 설치자로부터 주택의 입주자, 상가 입점자, 입주기업을 포괄하는 것임

입주민의 동의와 약속

모든 입주민은 입주활동 개시전에 U-Forest Eco-Life Style에 동의하고 약속하여야 함

U-Forest, Eco - Life Style (Nine for you)

Energy

- E - 1. 가정이나 직장에서 나올 때 전기플러그 뽑고 나오기(대기전력 차단용 콘센트 설치)
- E - 2. 낮에 창가 쪽 조명 끄기
- E - 3. 컴퓨터 쓰지 않을 때 전원 끄기
- E - 4. 엘리베이터 대신 계단 이용하기
- E - 5. LED 절전형 조명 사용하기
- E - 6. 재실센서형 조명기기 설치
- E - 7. 여름에 노타이 간편복장 출근
- E - 8. 겨울에 집에서 긴 스웨터 입기
- E - 9. 자전거 및 도보로 이동하기

Food

- F - 1. 적당량만 음식물 조리하기
- F - 2. 음식물 남기지 않기
- F - 3. 마을 내 공동취사 활용하기
- F - 4. 마을 내 생산 식재료 사용하기
- F - 5. 제철 음식 먹기
- F - 6. 냉장고 보관 음식 줄이기
- F - 7. 냉장고 여닫기 횟수 줄이기
- F - 8. 지역 농산물 먹기
- F - 9. 음식쓰레기 퇴비 만들기

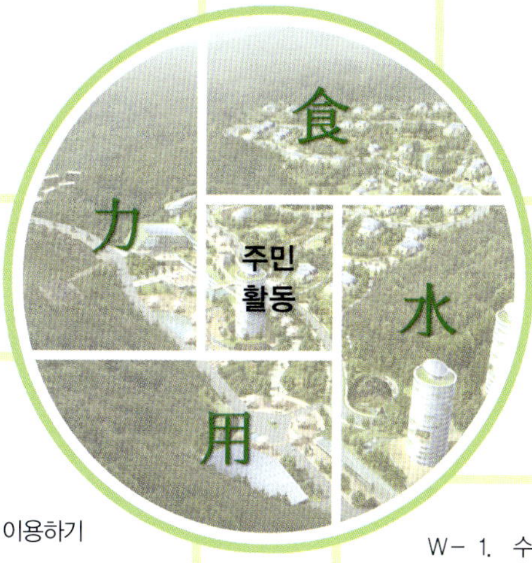

Use

- U - 1. 자가용 사용 안하기
- U - 2. 공용 전기차 사용하기
- U - 3. 대중교통 이용하기
- U - 4. 공용주차장 하차-도보 or 자전거 이용하기
- U - 5. 일회용 제품 사용 안하기
- U - 6. 개인컵 사용하기
- U - 7. 친환경 상품 구매하기
- U - 8. 분리수거 철저히 하기(자동분리 수송장치)
- U - 9. 이면지 사용하기

Water

- W- 1. 수돗물 아껴쓰기(꼭 잠그고 적당한 수압)
- W- 2. 절수용 변기 사용
- W- 3. 절수형 샤워꼭지 사용
- W- 4. 샤워시간 줄이기
- W- 5. 물받아서 사용하기(세수, 설거지)
- W- 6. 빨래 모아서 하기
- W- 7. 공동세탁장 이용하기
- W- 8. 전용세제만 사용하기
- W- 9. 식재료세척, 설거지전 잘 털어내고 씻기

환경부 녹색생활 실천 방안

학교

1. 어두운 곳엔 고효율 전등, 밝은 곳엔 햇살 전등!

하루 1시간 형광등 15개를 끄면 연간 약 74kg의 CO_2를 줄일 수 있습니다.
낮에 창가쪽 조명은 끄고 자연광을 최대한 이용합니다.

2. 안 쓸 땐 컴퓨터도 휴식, 지구도 휴식!

전원을 끄게 되면 100Wh(17인치 모니터 60Wh, 본체 40Wh)의 전력을 절감하여 매시간 42.4g의 CO_2 발생을 줄입니다.

3. 이메일 알림장으로 빠르고 편리하게!

인쇄용지 한 장당 1.7g의 CO_2가 발생합니다.
홈페이지나 이메일을 활용하면 종이와 인쇄 잉크 등 소모품을 절약할 수 있습니다.

4. 교복, 교재는 깨끗하게 물려주기!

교복과 체육복 물려주기 운동에 다섯 명 중 한 명만 참여해도 연간 520억원 절약효과가 있습니다.
교과서의 20%만 물려 써도 2,200톤의 CO_2 발생을 줄일 수 있습니다.

5. 급식은 맛있게! 적당하게! 남지 않게!

연간 우리나라에서 버려지는 음식물 쓰레기를 돈으로 환산하면 15조원이 넘습니다.
1톤의 음식물 쓰레기를 처리하기 위해서는 78,000원의 처리비용이 소요됩니다.

6. 수도꼭지는 잠그고, 에너지 낭비도 잠그고!

걸레를 빨 때는 물을 받아서 사용합니다.
수도꼭지는 적당한 수압으로 사용하여 낭비되는 물을 최소화합니다.

7. 빈병과 캔은 분리수거함에!

폐플라스틱 1kg을 재활용할 경우 약 1kg의 CO_2 발생을 줄일 수 있습니다.
알루미늄캔 1개를 재활용하면 60W 백열전구를 약 27시간 동안 사용할 수 있는 에너지가 절약됩니다.

8. 내가 우리 반 녹색생활 지킴이

교실별로 녹색생활 지킴이를 지정하고 온실가스를 함께 줄여 나갑니다.

가정

1. 가정 26℃ 이상, 겨울엔 20℃ 이하로 유지합니다

냉난방 온도를 1℃ 조정할 경우 연간 11kg CO_2를 줄일수 있으며, 냉난방 비용을 34,000원을 줄일 수 있습니다.

2. 계절에 맞는 적정 실내온도를 유지합니다.

절전형 전등으로 교체합니다.
백열등(60W)을 형광등(24W)으로 교체 시 연간 17kg의 CO_2를 줄일 수 있습니다.
절전형 형광등은 백열등과 비교해 수명이 약 8배 길며, 전력소비가 적습니다.

3. 가전제품 플러그를 뽑아 둡니다.

대기전력은 에너지 사용 기기 전체 이용 전력의 약 10%를 차지합니다.
멀티탭은 잘 보이는 곳에 두어 손쉽게 대기전력을 차단할 수 있도록 합니다.

4. 걷기 〉 자전거타기 〉 대중교통 이용을 생활화합니다.

승용차 이용을 일주일에 하루만 줄여도 연간 445kg의 CO_2를 줄일 수 있습니다.

직장

1. 쿨맵시! 여름엔 넥타이를 풀고 겨울엔 내복을 입습니다.

노타이나 긴 소매 스웨터 하나만으로 1℃~2℃의 체감 효과를 볼 수 있습니다.
여름철 냉방 온도는 26℃~28℃, 겨울철 난방 온도는 18℃~20℃로 유지합니다.

2. 퇴근 시 전기 플러그를 뽑습니다.

대기전력은 에너지 제품 이용 전력의 약 10%를 차지합니다.
사무실마다 메인 스위치를 설치하면 전기 낭비를 손쉽게 줄일 수 있습니다.

3. 컴퓨터를 쓰지 않을 때는 전원을 끕니다.

컴퓨터를 한 시간 켜 놓을 경우 100Wh의 전기가 낭비됩니다.
컴퓨터 모니터와 하드디스크에 절전모드를 설정합니다.

4. 4층 이하는 계단을 이용합니다.

엘리베이터 1회 이용 시 약 30Wh의 에너지가 소모되며 12.7g의 CO_2가 발생합니다.

5. 점심시간에는 조명과 냉, 난방기를 끕니다.

하루 1시간 형광등 15개를 끄면 연간 약 74kg의 CO_2를 줄일 수 있습니다.
연속 냉난방의 경우 끄더라도 1시간 정도는 냉, 난방효과를 유지합니다.

6. 이면지는 다시 사용합니다.

인쇄용지 1박스 이용 시 약 4.4kg의 CO_2가 발생합니다.
간단한 보고 자료는 이면지를 활용합니다.

7. 개인컵을 사용합니다.

하루에 종이컵을 5개 사용하면 연간 20kg의 CO_2가 배출됩니다.

8. 출, 퇴근 시 대중교통을 이용합니다.

승용차 이용을 일주일에 하루만 줄여도 연간 445kg의 CO_2를 줄일 수 있습니다.
가까운 거리는 걷거나 자전거를 이용합니다.

5. 장바구니를 애용합니다.

1회용 비닐봉지(연간 160억 개)가 분해되는 데 100년 이상 걸립니다.
가정쓰레기를 철저히 분리만 하여도 연간 188kg의 CO_2를 줄일 수 있습니다.

6. 친환경 상품을 구매합니다.

친환경 상품 사용으로 가구당 연간 350kg의 CO_2를 줄일 수 있습니다.
환경마크 제품, 에너지 효율이 높은 제품을 구매합니다.

7. 샤워 시간은 줄이고, 빨래는 모아서 합니다.

샤워 시간을 1분 줄이면 가구당 연간 4.3kg의 CO_2를 줄일 수 있습니다.
빨래를 모아서 하면 가구당 연간 14kg의 CO_2를 줄일 수 있습니다.
설거지통을 이용(10분) 하면 약 80리터의 물을 절약할 수 있습니다.

8. 음식은 적다고 느낄 만큼만 조리합니다.

연간 버려지는 음식물 쓰레기를 돈으로 환산하면 15조원이 넘습니다.
몸에도 좋고 온실가스도 덜 발생시키는 제철 식료품, 지역 농산물을 먹습니다.

주민 교육 및 활동

저탄소형 생활문화(그린스타트) 운동 전개

범시민적 그린스타트 운동의 확산

- 학교 및 가정에서의 저탄소, 녹색성장 교육 및 홍보 강화
- 에너지절약, 에코드라이빙, 탄소발자국 모니터링 등 저탄소 생활문화 확산운동 전개
- 저탄소형 생활양식 전환을 위한 실천운동을 전개
- 다양한 탄소포인트 프로그램의 개발, 기존의 친환경 상품 구매와 연계한 저탄소 제품 구매 등이 포함

탄소포인트 제

- 가정, 학교, 직장 등에서 전기, 수도 가스 등의 사용량의 절감분에 따른 온실가스 감축실적에 따라 탄소포인트를 발급하고 이에 상응하는 인센티브를 제공
- 인센티브는 현금, 교통카드, 종량제 쓰레기 봉투, 강의수강권, 행사참여 우선권 등 공공시설 이용 바우처, 고효율기기 교체 등 다양한 형태로 지급
- 정부의 탄소캐쉬백 프로그램과 연계하여 캐쉬백 카드에 적립하여 현금처럼 사용

주민교육 및 활동

건축주 가정, 학교, 직장이 가까운 곳에 있어야 한다는 것이 도시계획의 기본 중의 기본이다. 이것은 이동이 쉽지 않았던 때부터 현대에 이르기까지 공통된 의견이었고 결국 에너지에 대한 공간적 배려이기도 하다. U-Forest 마을에서 한 가지 개념이 더 추가되었다. 가정, 직장, 학교의 모든 삶의 영역에서 동일한 녹색생활을 일관되게 할 수 있다는 점이다. 한밀숲학교 정신 중에 가장 중요한 것은 작고 사소한 기본적인 것을 몸에 밸 때까지 익히는 것이다. 직장에서도 가정에서도 이 정신이 녹색생활로 뿌리를 내리고 평생교육으로 아이들과 함께 지켜나가는 존경받는 어른들의 모습으로 열매 맺어지기를 기대해 본다.

건축가 현 국가정책은 기존 에너지 소비형 건축물에서 생활하는 사람들에게 콘센트를 뽑아 에너지를 절약하라고 졸라대는 정책이다. 인간이라면 실내온도 20°와 24°에서 가장 쾌적한 삶을 살 수 있다는 점을 잊고 여름에는 덥게 겨울에는 춥게 살자고 캠페인을 하고 있다. 그러나 이러한 제도는 건축물이 에너지 절약형으로 바뀌지기 전까지는 대안이겠지만, 영원히 인간으로서의 삶의 질을 보장받지 못한 상태에서 에너지만 절약하자고 외쳐서는 안될 것이다. 앞으로는 인간이 아닌 도시와 건축물이 에너지를 절약하여야 한다.

생활습관 변화에 의한 온실가스 감축 효과

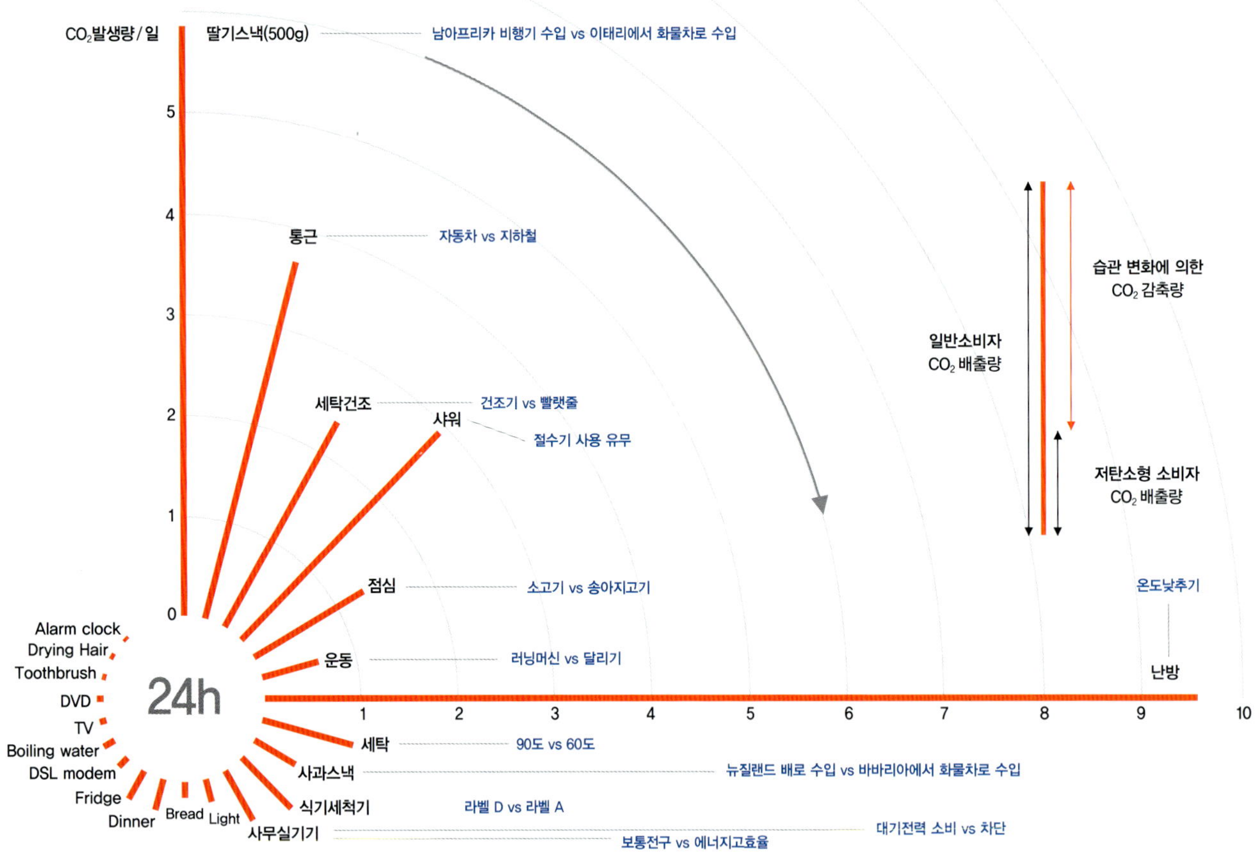

자료 : UNEP(2008), Kick the Habit : A UN Guide to Climate Neutrality

커뮤니티 시설 계획

계획의 방향

- 각 블럭별로 거주민들의 접근이 편리한 곳에 배치
- 보안 및 안전에 대한 불안이 없는 쾌적한 단지 조성
- 다양한 프로그램을 수용, 가까운 곳에서 문화생활을 해결할 수 있도록 계획

커뮤니티 시설 프로그램 제안

- 피트니스 센터 / 취미교실 등
- 도서관, 독서실 / 보육시설 등

커뮤니티 시설 및 보안시설 위치도

커뮤니티 시설 면적 개요

블럭	세대수	커뮤니티시설 면적(m^2)
A	20	100
B	25	125
C	40	200
D	25	125
E	20	100
F	40	200
G	80	400
H	36	180

커뮤니티 시설 프로그램

협력적 거버넌스 체계

- 민 · 관 · 각종 단체가 연계된 녹색공동협력체계의 그린파트너십(Green Partnership) 구축
  - – 저탄소형 생활양식 전환을 위한 실천운동을 전개하고 조례를 제정하여 이들 활동을 지원
  - – 다양한 탄소포인트 프로그램의 개발, 기존의 친환경 상품 구매와 연계한 저탄소 제품 구매 등을 포함
  - – 저탄소 녹색마을공동체 프로젝트 및 그린 IT 활성화를 통한 지역커뮤니티, 녹색정보화 시스템 증진
  - – 공공주택단지, 일반주택단지에서 배출된 생활 폐기물, 음식물 쓰레기 등 폐기물 재활용을 통한 자원화
- 녹색직업(Green Job) 창출
  - – 저탄소 녹색마을 만들기 사업의 과정과 조성 후 지역의 고용창출을 통한 지역경제자립도 향상을 위한 방안
  - – 저탄소 녹색마을 내 노인, 여성, 청년 등 다양한 사회계층을 위한 일자리 창출

협력적 거버넌스(Governance)

건축주 저탄소 녹색생활을 장려하는 보상제도는 있지만, 이런 공간을 만들어내는 것에 있어서는 보상제도가 없다. 녹색생활을 할 수 있는 공간과 환경, 사람을 만들어내는 것이 U-Forest 마을의 특징이고, 이 부분에서 협력적 거버넌스가 생겨날 수 있도록 지자체와 협의해야 한다. 녹색생활이 단순히 에너지를 절약하고 지구의 오염을 최소화하는 것이 아니라 그런 삶의 작은 실천들을 통해 여러 사람들이 '살만한 세상이다', '함께 살만한 사람이다'라고 느끼는 행복을 주는 일이기에 다양한 인프라가 필요하다.

건축가 민·관·각종 단체가 지원하는 사업이 좀 더 도시계획적이고 건축적이길 바란다. 녹색실천이 단지 조성부터 시작하여 건축물로 이어지고 그 안에서 살아가는 사람들의 삶의 습관이나 태도가 그린운동으로 변화되어 가는 과정이 체계적인 지원사업을 통해 이루어져야 한다고 생각한다. 민간에서 녹색단지를 조성하겠다는 의지가 있음에도 불구하고 그 어느 곳에서도 지원은 커녕 관심도 주지 않는다면 동기부여가 없는 상황에서 국내 녹색단지 조성사업은 국가가 실행하는 시범단지 수준에 그치게 될 것이고 더 이상의 발전도 없을 것이다. 이러한 상황은 장기적으로 보았을 때 국가적으로 큰 손실이라고 할 수 있다.

녹색은 생활이다
그린스타트

유비쿼터스의 활용

U-홈 서비스

- 정보네트워크를 통한 직주일치형 공간 창출
- 전력 IT 융합 기술이 접목된 기반시설을 이용하여 경제적이고 신뢰성 있는 유무선 통합 통신망 구현
- 가정의 에너지 소비자원을 원격검침망(PLC) 및 전력 IT기술을 적용하여 관리
- 통합 검침서비스 및 가정 내 에너지 정보의 수집 및 관리를 통한 에너지 소비 감시 기능 도입
- 누진 정보, 정전 정보 알림 등 전력 부가서비스 제공
- 화재, 방범 등의 일반서비스 제공
- 주택단지에 적용

U-복지 서비스

- 거동이 불편하거나 지속적인 건강관리가 필요한 노인에게 복지서비스 제공
- 원격 검침망을 이용한 편리한 통신망 구성 및 PLC/WiFi 기반의 이동형 건강관리 제공
- 건강관리 센서를 기반으로 한 복지서비스 제공
- 주택 및 노인복지 시설에 적용

에너지 관리형 U-공공건물

- 공조실, 조명등을 이용한 에너지 저감서비스 제공
- 방범, 방재, 출입관리 등의 일반서비스
- R&DB, 컨벤션 센터, 커뮤니티 시설 등에 적용

에너지 관리형 U-에너지 다량 소비 건물

- 급수펌프, 냉난방 설비 등의 에너지 소비 정보 수집 및 분석을 통한 에너지 관리서비스 제공
- 전기사용량, 온도, 조도 등의 효율적 에너지 관리를 통한 에너지 사용량 약 15% 절감
- 방범, 화재, 환경센서 등 일반적 서비스
- 학교, 기숙사, 노인복지시설 등에 적용

IT결합 고효율, 고성능 주택

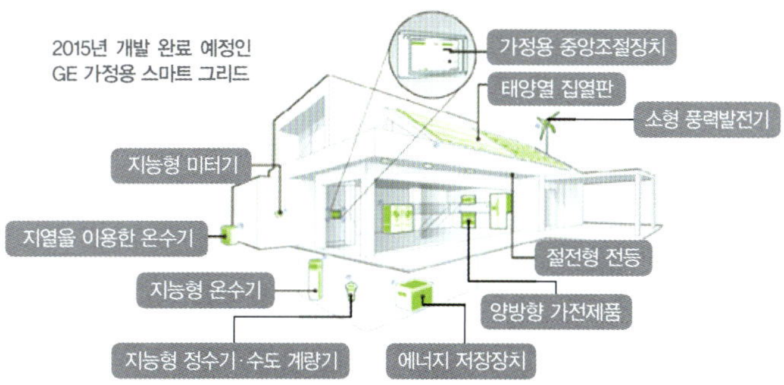

에너지 관리형 U-Energy 다량 소비건물의 서비스 모델

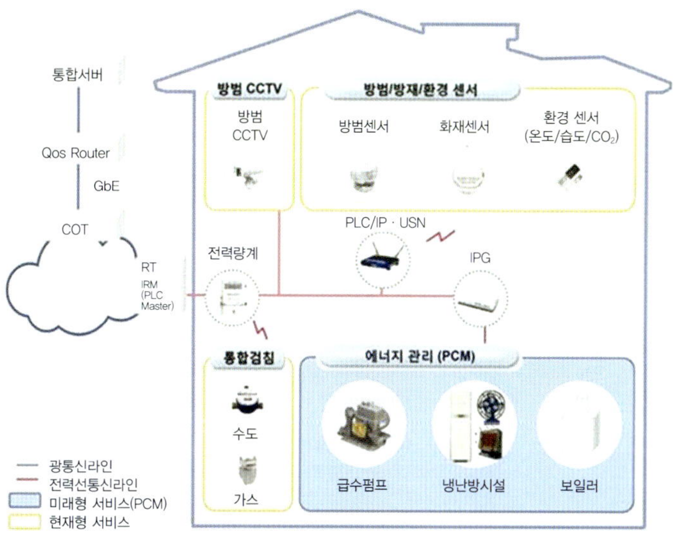

생태적 생활의 실현

라이프 스타일 제안 내용 – 평일 1

두 자녀를 둔 가정주부의 하루일과

●LEED ND 항목

2. Neighborhood Pattern & Design	도시계획, 교통관련 항목
Credit 12	Access to Civic and Public Space 직장과 가정으로부터 인접한 오픈스페이스로의 접근성을 유도하여 사회적 네트워크 형성 및 공공참여 유도

오전 6:00
1 채은이네 엄마는 아침에 일어나 집 앞 오솔길 산책으로 하루를 시작합니다.

오전 7:00
산책에서 돌아오는 길에 텃밭에서 기른 유기농 채소를 가져다가 신선한 샐러드를 곁들인 식사를 합니다.

오전 8:00
2 아빠는 전기자전거를 타고 R&DB센터로 출근하시고, 아이들은 셔틀버스를 타고 학교에 등교합니다.
엄마는 집에서
– 음식물 쓰레기 퇴비함에 넣기
– 천연세제로 설거지
– 빗물저류조에서 기른 물로 텃밭에 물주기를 합니다.

오전 9:00
오늘은 오전에 햇살이 좋아 청소도 하였습니다.
이불도 태양빛에 소독하고 정원에 떨어진 낙엽은 모아서 퇴비함에 넣어 둡니다.
청소를 마치고 오전 11시에는 가장 깨끗한 공기를 마시기 위해 자연환기를 합니다.

오전 10:00
쉬는 시간입니다. 정원에서 만난 이웃사촌과 테라스에서 허브차를 마시며 잠깐의 여유를 즐깁니다.
어제 옆집에서 나눠준 인절미를 구워 함께 먹었습니다.

오전 11:00
채원이네는 탄소저감을 위해 E-mail로 신문을 받아보고 듣고 싶은 수업도 인터넷 강좌를 통해 듣습니다.
오늘은 인터넷으로 유기농 식자재도 주문했습니다.

오후 12:00
3 점심식사를 준비하기 위해 자전거를 타고 커뮤니티센터에 갑니다.
그곳에서는 마을 주민들이 공동구매한 식재료로 점심을 함께 만듭니다. 점심은 음식이 남는 것을 방지하기 위해 미리 예약을 받아 만들고 이렇게 만든 점심은 저렴한 가격에 제공됩니다.
– 믿을 수 있는 재료로 만든다.
– 포장 쓰레기 및 음식물 쓰레기를 줄인다.
– 가격이 저렴하다.
– 모두 함께 가족이 되어 함께 엄마표 점심을 먹는다.
점심을 먹은 후에는 모두가 모여 1년 동안 먹을 된장과 고추장을 담글 계획도 세웁니다.

오후 3:30
4 아이들이 돌아오기 전에 고효율 세탁기로 빨래를 하고 작은 빨래는 모아서 친환경 비누로 손세탁 합니다.
아이들이 학교를 마치고 돌아오면 복습을 함께하고 커뮤니티 시설에 가서 취미강좌를 듣습니다.
옆집 솔이엄마는 오늘 용인 문화복지행정타운에 새로 오픈한 전시회를 보러 가기 위해 강좌에 나오지 않았습니다.

오후 6:00
오전에 인터넷으로 주문한 식재료가 왔습니다.
냉장고는 효율을 위해 항상 70%만 채우기 때문에 오늘도 식재료 중에서 상하기 쉽거나 바로 먹지 않을 것만 분류하여 넣었습니다.

오후 7:00
오늘 저녁메뉴는 작년에 마을에서 공동으로 담가 만든 달래 된장국에 잡곡밥, 유기농 야채쌈과 두부조림입니다.

밤 9:00
자기 전에는 학교에서 있었던 일, 회사에서 있었던 일, 강좌에서 들었던 내용 등 서로의 하루에 대한 일들로 가족들이 모여 이야기 꽃을 피웁니다.
따뜻한 불빛이 새어나오는 U-Forest의 하루가 오늘도 서서히 저물어 갑니다.

라이프 스타일 제안 내용 – 평일 2

R&DB 센터에 직장을 가지고 있는 워킹맘의 하루일과

1 오전 6:00
워킹맘 상큼씨는 마당에서 체조로 아침을 시작합니다.

오전 7:00
전날 밤에 만들어 두었던 유기농 반찬으로 아침식사를 하고
홈네트워크 서비스로 오늘의 날씨와 주요뉴스를 확인합니다.

2 오전 8:00
딸아이를 유치원에 데려다 주고 남편과 함께 나란히 셔틀을
타고 R&DB센터로 출근을 합니다. 멀지 않은 거리라 걸어도 되지만
아침시간에는 무공해 셔틀버스를 이용하는 편입니다.

3 오전 9:00
업무시간. 오늘은 쌍둥이 타워에 있는 식물공장에 기온체크
및 환경분석을 하러 가는 날입니다. 회사에서 공용으로 쓰는
전기자전거를 타고 이동하여 태양광 충전식 주차장에 세워둡니다.

4 오전 10:00
식물공장에서 나온 상큼씨는 바로 회의를 위해 컨벤션센터로
향합니다. 울창한 숲을 지나는 경사 에스컬레이터를 이용해
컨벤션 센터로 가는 길은 이곳이 직장이라는 사실을 잊게 합니다.
에스컬레이터에 사용되는 전력은 지붕에서 태양으로 생산되는 것이라고 합니다.
(신기하시죠?!)

5 오전 11:00
회의가 끝나고 바로 옆에 위치한 조각공원에서 바비큐 파티를 하고 있는
주민들과 대화를 나눴습니다. 바베큐 파티에 쓰인 숯은 숲에서 주워와 단지 내
공용 가마에서 직접 구운 것입니다.

오후 1:00
독일 바이어인 발트씨에게 R&DB센터에서 생산된 제품이 설치된 단지 곳곳을
다니면서 제품의 우수성을 설명하였습니다. 발트씨는 신제품이 훌륭하게
사용되고 있는 모습을 직접 눈으로 확인하신 후 사무실에 들어가
계약을 하셨습니다. (와우~!) 우리마을은 우리나라의 미래를 이끌어 나가는
주역이며, 우리 모두는 탄소저감을 실천하는 애국자랍니다.

오후 4:00
일하는 도중 잠깐 쉬고 싶을 때는 건물 앞에 위치한 수변광장에서
남편을 만나 잠깐씩 휴식을 취하기도 합니다.

오후 5:30
퇴근하기 전, 마을 내 상가에 인터넷으로 식재료를 주문합니다.
신선한 재료를 그 날 그 날 확인하고 받아먹기 때문에 일을 하면서도
가족들의 균형잡힌 식단을 지킬 수 있습니다.

오후 6:00
퇴근하는 길에는 운동도 할겸 보행로를 따라 걸어갑니다.
단지 내에 그물망처럼 퍼져있는 보행로를 이용하면 누구나
어느 곳에라도 쉽게 찾아 갈 수 있습니다.

오후 6:30
집에 도착하는 시간에 맞추어 식재료도 도착했습니다.
가족이 둘러앉아 맛있게 저녁을 먹고 아이와 함께 실개천에 나가서
놀이도 즐깁니다.

6 오후 8:00
오늘은 주민회의가 있는 날입니다.
오늘 회의의 주제는 '합성세제 쓰지 않는 마을'입니다.
다양한 의견들이 자유롭게 오가는 회의실 풍경은 언제나 활기찬 모습입니다.

7 밤 9:00
숲 속의 밤은 일찍 찾아옵니다. 하지만 U-Forest 마을에는
태양광발전 가로등이 있어 밤에도 안전하게 산책을 즐길 수 있습니다.

라이프 스타일 제안 내용 – 주말

탄소제로 주말프로그램 제안

아 침

명상과 요가로 건강한 아침을 준비합니다.

맑은공기를 마시며 가벼운 산책으로 하루를 시작합니다.

산책에서 돌아오는 길, 직접 가꾸는 텃밭에서 기른 유기농 채소를 따서 푸짐한 아침 건강식을 준비합니다.

이웃들과 함께 모여 먹는 점심도시락은 어떤 메뉴로 할지 생각하며 레시피를 찾아봅니다.

오 전 활 동

도현이네
화창한 날씨에 방에서 컴퓨터만 하는 아들을 데리고 등산을 합니다.

호동이네
유치원생 호동이는 엄마와 함께 커뮤니티센터에 종이접기 강좌를 들으며 상상력을 키워갑니다.

보람이네
중학생 보람이는 내일 2박3일로 떠나는 수련회 준비를 위해 커뮤니티상가에 장을 보러 갑니다.

승기네
고등학생 승기는 동생과 함께 셔틀버스를 타고 요양시설에 계시는 할머니를 뵈러 갑니다.

사랑이네
초등학생 사랑이는 한옥마을에서 한국민속놀이를 직접 체험하며 재미있게 전통을 배웁니다.

초록이네
초록이는 한옥마을에서 어렵기만 했던 한자를 즐겁게 배우며 더불어 한복을 입고 예절도 배웁니다.

용선이네
대학생 용선이는 용돈마련을 위해 주말에 카페에서 아르바이트를 합니다.

재욱이네
갓 제대한 재욱이는 미래를 준비하기 위해 R&D센터에서 취업교육을 받습니다.

원석이네
고3수험생 원석이는 커뮤니티 내 독서실에서 멋진 대학생활을 꿈꾸며 열심히 공부합니다.

윤진이네
5월의 신부 윤진이는 야외 결혼식 장소로 봐두었던 컨벤션센터 옆 조각공원을 둘러보기 위해 갑니다.

우주네
한창 연애 중인 우주는 여자친구 메텔과 함께 야외공연장 무료공연을 보며 즐거운 주말을 보냅니다.

보라네
환경문제에 관심이 많은 중학생 보라는 친구들과 함께 계곡 습지보존을 위해 쓰레기를 줍는 봉사활동을 합니다.

점 심

소풍을 나온 기분으로 즐기는 이웃들과의 점심식사시간.

단지 내 햇볕좋은 곳에 돗자리를 펴고 일회용품이 아닌 예쁜 도시락통에 담긴 음식을 꺼내어 봅니다.

늘 음식을 하는 엄마 대신 이번엔 아빠들이 자신있는 음식을 손수 만들어 간만에 음식 솜씨를 뽐내 봅니다.

음식쓰레기가 생기지 않도록 적당히 먹을양을 준비해 옵니다.

그래도 생기는 음식쓰레기들은 가까운 곳 음식물 퇴비구역에 버리고 흙을 덮어 놓습니다.

오 후 활 동

생태학습장
야생화나 약용식물의 관찰 등의 교육프로그램으로 어릴때부터 자연의 소중함을 배웁니다. 나무의 이름이 이렇게 다양하고 재미있는지 처음 느낀 아이들은 호기심 가득한 눈으로 선생님 말씀을 듣습니다. 교육이 끝나면 보물찾기를 통해 자연을 즐기고 1등 보물을 찾은 호동이는 자기의 이름이 새겨진 명패가 달린 나무를 선물받아 심습니다. 호동이와 함께 나무도 자라납니다.

직원가족 체육대회
R&DB센터 직원들과 직원가족들이 모여 체육대회를 합니다. 가까운 곳에 함께 살고 일하는 직원들은 업무에서 벗어나 체육활동을 통해 건강도 챙기고 스트레스도 풀며 휴식을 취합니다. 이웃사촌인 직원가족들과는 이미 한가족같은 화기애애한 분위기로 행복한 주말오후를 보냅니다.

계곡습지체험
유치원생, 초등/중학생들이 모여 습지에서 살아가는 생태환경과 습지가 지니는 생태적 기능을 배우며 물의 자연정화 처리과정을 학습할 수 있는 자연학습의 현장입니다. 깨끗한 물과 다양한 생물이 서식하는 이곳은 아이에게도 어른에게도 훌륭한 선생님이 되어줍니다.

카페모임
취업을 앞둔 대학생들이 카페에 모여 서로 가지고 있는 정보를 공유하며 취업을 준비합니다. 같은 고민을 가진 사람들의 모여 하나의 공감대가 형성되고 서로를 의지하며 더 나은 미래를 준비해 나갑니다.

이주여성동아리
외국인 가족은 주말에 손을 잡고 학교에 옵니다.
주말 빈 교실에서 명지대학교 학생들이 선생님이 되고 외국인가족이 학생이 되어 즐거운 한국어 수업을 합니다. 또렷한 한국어 발음이 어렵지만 배워가는 재미에 시간가는 줄 모릅니다.

미술활동
미대를 지망하는 학생들 분 아니라, 그림그리는 것이 취미인 사람들이 모여 전망이 좋은 조각공원에 모여 각자의 표현법으로 마을풍경을 화폭에 담습니다. 계절의 흐름에 따라 변해가는 마을의 모습을 그리는 일은 매우 즐거운 일입니다.

자전거동호회
자전거타기가 취미인 아빠는 같은 취미를 가진 사람들을 모아 자전거동호회를 만들었습니다. 마을사람들을 위한 여러 단계의 코스를 계획하고 홍보를 통해시 주민참여를 이끌어 내십니다.

저 녁

야외 활동을 끝내고 집으로 돌아옵니다.

밖에서 발생한 쓰레기는 집으로 가지고 돌아와서 분리수거하여 버립니다.

가족들과 함께 저녁을 먹으며 주말활동에 대한 담소를 나누며 알차게 보낸 주말을 정리하고, 새로운 일주일을 준비합니다.

● LEED ND 항목

2. Neighborhood Pattern & Design	도시계획, 교통관련 항목
Credit 13	Access to Recreation Facilities 직장과 가정으로부터 인접한 곳에 육체적, 정신적, 그리고 사회적 건강을 향상시키기 위한 문화 · 오락시설 계획

건축주: 건축가에게 녹색실천방안도 중요하지만 U-Forest 마을에 사는 사람들의 모습을 구체적으로 그려보는 것이 좋을 것 같다고 제안했고 건축가는 흔쾌히 이 부탁을 들어주었다. 건축가는 아주 구체적으로 마을의 하루 일과를 그려냈고 비로소 이 작업이 매우 중요한 작업이었음을 알 수 있었다. 건축설계에서 축소된 모형을 만들어서 살펴보듯 U-Forest 마을의 생활을 실감나게 느낄 수 있었고, 우리가 만들어 가고자 하는 마을의 중요성을 다시 한 번 살펴볼 수 있는 기회가 되었다.

건축가: 건축주에게 국가 에너지절약 실천방안을 보고서에 삽입하고 싶다고 이야기하자, 그 내용은 온 국민이 해야 하는 일이지 우리단지 입주민이기에 해야 할 일은 아니지 않나요? 라고 질문해 오셨다. 순간 부끄러웠다. 이제껏 단지설계를 하면서 입주민들에게 녹색 삶을 부여하려 하였고 행동도 제어했으면서 보편타당한 실천방안을 수려했던 내 자신을 돌아보게 되었다. 다시 책상에 앉았다. 누가 이 마을에서 어떻게 살면 좋을까? 라고 자문하였다. 그 상상 속에는 내 조카, 동생, 부모님 그리고 우리 설계팀 직원 모두가 살고 있었다. 한 사람 한 사람 이름을 적어가며 그들의 성격과 삶의 방식이 변하는 모습을 상상하였던 순간만큼은 무척 행복했었고 즐거웠었다.

U-FOREST

VIII

탄소배출 저감 및 흡수 효과 분석

탄소배출 저감량 산정방법

탄소배출 체계

- 도시 내 탄소는 도시 내에서 이루어지는 생산, 소비, 교통 등과 같은 다양한 활동들로부터 발생함. 왜냐하면 이러한 활동은 기본적으로 에너지 소비를 동반하기 때문임. 따라서 도시 내에서 배출되는 이산화탄소의 양은 소비되는 에너지 양에 의해 도출될 수 있음

- 도시 내 활동 별 이산화탄소의 배출량이 서로 다르기 때문에 도시 내에서 발생되는 이산화탄소의 양을 보다 정확하게 도출하기 위해서는 먼저 도시 내 활동이 세분되어야 함

- 현재 우리나라는 고유의 온실가스 배출계수를 갖고 있지 않으며, 온실가스 배출계수 뿐만 아니라 배출량 산정 방법 역시 IPCC[1] 가이드라인[2]에서 제시된 방법에 기초하여 작성되고 있음

- U-Forest에서의 온실가스 산정 방법은 "경기도 시군지자체의 온실가스 배출 특성연구"(2007, 경기개발연구원)와 같이 열에너지, 전력과 같은 최종에너지 사용량을 기준으로 하며, IPCC 가이드라인에 기초하여 이산화탄소 배출량을 계산하게 됨. 단, IPCC기준에 따라 배출원을 구분하지 않고 "동탄(2)신도시 저탄소 도시 도입연구"(2009, 한국토지공사)의 경우와 마찬가지로 **〈그림〉 도시 내 활동 분류에 따른 이산화탄소 배출체계**에서 구분된 도시 내 활동별로 이산화탄소 배출량을 산정하였음

- **그림**에서 제시된 이산화탄소 배출체계를 부문별로 정리하면, 가계부문에서 배출되는 이산화탄소의 양은 가계부문에서 사용하는 에너지의 양으로부터 계산되며 여기서 가계부문의 에너지 사용은 크게 난방, 취사와 전력(냉방포함)으로 구분됨. 그러나, 취사에 의한 탄소배출량은 절감 전후의 차이가 크게 나지 않으므로 절감량 산정에서는 제외하였음. 그리고, 가계부문의 수송을 버스와 택시 등과 같은 대중교통과의 연계성을 고려하여 도시 내 활동 구분상, 수송부문에 포함시켰음

- 상업 및 공공부문은 에너지의 사용규모가 서로 다른 각종 부문의 시설들이 함께 있으므로, 토지이용 용도(시설)별로 세분화하여 이산화탄소 배출 규모를 산정하여야 함. 가계부문과 마찬가지로 난방, 취사, 전력, 냉방의 에너지 사용으로 구분되며, 취사 및 수송은 가계부문의 경우와 동일하게 적용하였음

- 수송부문은 교통부문을 의미하며, 교통으로부터 배출되는 이산화탄소의 양은 다시 도로이용원을 차종별로 세분하여 산정함. 또한, 도시계획적차원의 계획요소들을 반영하여 이산화탄소의 배출량을 산정하였음

- 폐기물부문은 폐기물을 수집 및 처리하는 과정에서 탄소 및 오염물질이 발생하게 됨. 폐기물처리 중에서도 탄소배출이 가장 많은 소각처리만을 고려하였음. 폐기물의 수집하는 과정에서는 쓰레기 자동이송시설을 통한 수송에너지 절감량을 고려하였음

- 수자원부문은 재활용을 통한 상수이용량의 절감을 통하여 이산화탄소 저감량을 고려하였음

- 녹지부문은 산림 및 녹지에 의한 이산화탄소 흡수효과를 산정

1) IPCC [Intergovernmental Panel on Climate Change] : 기후변화와 관련된 전 지구적 위험을 평가하고 국제적 대책을 마련하기 위해 세계기상기구(WMO)와 유엔환경계획(UNEP)이 공동으로 설립한 유엔 산하 국제 협의체이다.

2) 2006 IPCC Guidelines for National Greenhouse Gas Inventories http://www.ipcc-nggip.iges.or.jp/public/2006gl/index.html

■ 도시 내 활동 분류에 따른 이산화탄소 배출체계

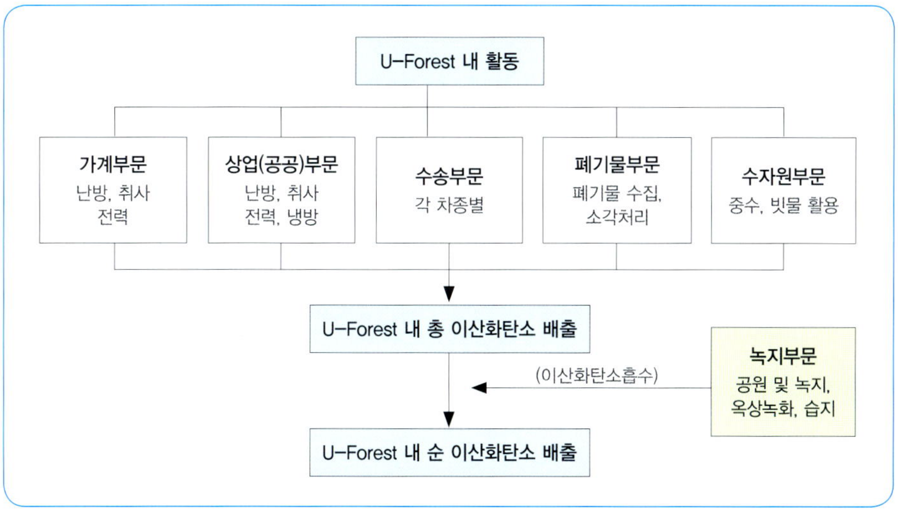

■ U-Forest의 이산화탄소 배출 저감량 산정과정

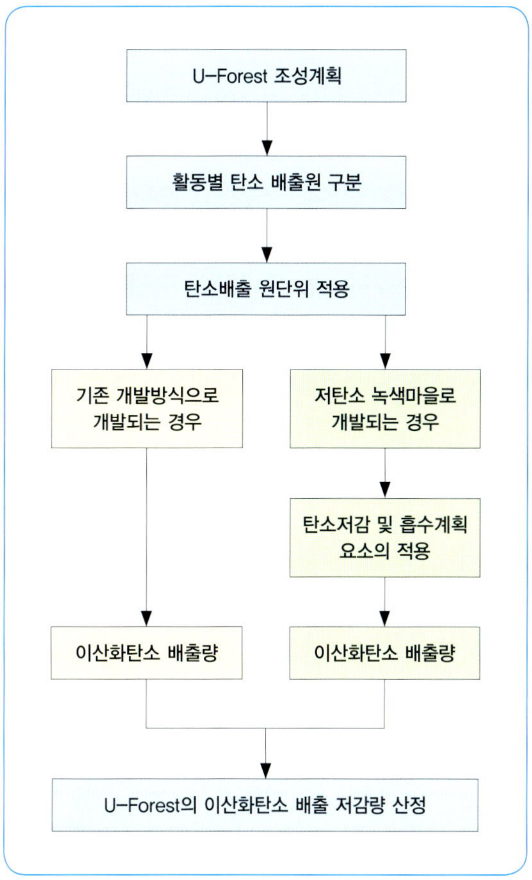

탄소배출 저감량 산정체계

- 앞 장에서 언급한 U-Forest의 탄소저감 및 탄소흡수 계획요소에 따른 소요 에너지량의 저감으로 인한 발생CO_2의 저감량을 정량적으로 산출하여 저탄소 녹색마을로 조성되는 U-Forest의 환경에 미치는 경제적 이익 효과를 산출하고자 함
- 녹색기술을 적용하지 않고 일반적인 개발방식을 채택하였을 때를 가정한 발생 CO_2량을 산출하고, 실제 U-Forest에 계획된 각 탄소저감 및 탄소흡수 계획요소들을 적용하면서 CO_2의 저감량을 구체적으로 산정하여 비교하였음
- 이를 바탕으로 하여, 저탄소 녹색마을인 U-Forest 마을의 이산화탄소 배출저감량 산정 방법을 **그림**과 같이 구성
- U-Forest의 총 289세대 중 단독주택은 133세대(한옥 3세대 포함), 저밀도 공동주택은 156세대로 구성되며, 세대별 평균 가족 인원수는 2.75명[3]으로 계산하여 총 마을의 인구는 795명을 기준으로 하였음

3) 경기도 성남시 분당구의 2008년 세대별 인원수 통계
성남시 통계홈페이지(http://www.cans21.net/stat/index.asp#) 자료 이용

탄소배출량 정량화 방법

- 저탄소 제로에너지 복합주거단지로서의 U-Forest 저탄소 계획요소는 다음과 같이 탄소배출 저감의 계획요소와 탄소흡수 계획요소로 구분
- 이들 계획요소들 중에서 그 효과의 정량화가 가능한 요소들을 추출함

■ 표1 U-Forest의 탄소배출 저감 계획요소 및 정량화 반영 여부

구 분	계획요소 – 탄소배출 저감의 실현	정량화 반영여부 (반영 – ●)
토지이용	a. 절성토량의 최소화	○
	b. 밀도의 compact화를 통한 인공지반 조성의 최소화	○
	c. 동선의 중심화를 통한 이동거리와 이동량의 최소화	○
	d. urban area의 compact화를 통한 이동량 최소화	○
	e. 직주근접에 의한 통행량 최소화	●
	f. 학주근접에 의한 학생 통학량 및 학부모 통행량 최소화	●
	g. 세대간, 계층간 복합을 통한 통행량 최소화	○
교 통	a. 낮은 경사도에 의한 에너지 절감	○
	b. 자전거 이용에 따른 에너지 절감	●
	c. 대중교통 이용에 따른 에너지 절감	●
	d. 단지 내 자가용 차량 통행거리, 통행량 절감	●
	e. 자연적 지반보존에 따른 에너지 절감	○
	f. 단지 내 자가용 차량 통행거리, 통행량 절감	○
	g. 대중교통 연계 활성화에 따른 에너지 절감	●
	h. 주택과 일터의 주차공간 겸용에 따른 주차공간 건설공사 및 운영비 절감	○
신 · 재생에너지	a. 화석에너지 사용량의 최소화를 통한 절감	●
	b. 자연에너지의 활용의 최대화를 통한 절감	●
	c. 신 · 재생 에너지원의 효율적인 조합을 통한 절감	○
에너지 절감 건축	a. 에너지 절약형 건축물을 통한 소비 에너지 절감	●
	b. 제로에너지 건축물을 통한 소비 에너지 절감	●
	c. 자연채광 활용 건축요소를 통한 절감	●
	d. 고단열, 고기밀 건축요소를 통한 절감	●
	e. 고효율설비 건축 요소를 통한 절감	●
토지이용	a. 빗물자원의 효율적 활용을 통한 탄소 절감	●
	b. 친환경적 하수처리를 통한 하수처리 에너지 절감	○
	c. 단지 내 미기후 조절을 통한 에너지 절감	○
	d. 수거 및 청소 차량의 미운행을 통한 탄소 절감	●
	e. 쓰레기 수집 및 중간 집하시설 청소용 물 절약	○
	f. 효율적인 시스템 운영으로 자원 절약 실현	○
	g. 친환경적인 음식물 쓰레기 처리를 통한 탄소 절감	○
	h. 자체 퇴비 생산을 통한 탄소 절감	○
	i. 유기농산물 자체 생산 및 소비를 통한 탄소 절감	○

■ 표2 U-Forest의 탄소흡수 계획요소 및 정량화 반영여부

구 분	계획요소 – 탄소흡수의 실현	정량화 반영여부 (반영 – ●)
녹지-생태	a. 등고와 지형을 고려한 도로계획	○
	b. 자연지형을 이용한 주동 배치	○
	c. 사면발생구간의 재녹화 복원	○
	d. 개발면적을 최소화하며 보존 녹지면적을 최대화	●
	e. 소방도로의 최소화 및 접근편의성을 확보	●
	f. 공원녹지 내 식재	●
	g. 생태숲(탄소흡수림) 조성	●
	h. Green Way 식재	●
	i. 다양한 공원 내 식재	●
	j. 탄소흡수 공원 조성	●
	k. Blue – Green 네트워크 조성	○
	l. 텃밭 조성	○
	m. 비오톱 조성	●
	n. 옥상녹화	●
	o. 벽면녹화	●
수자원	a. 녹지율의 최대화	●
	b. 생태면적의 극대화	●
	c. 생태 친수공간 조성	○
	b. 비오톱 조성	●
	e. 생태 습지공원 조성	●
	f. 빗물생태정원	○
	g. 빗물 중수의 활용	●

표에서 정량화가 가능한 계획요소들을 중심으로, 각 요소들을 도시 내 활동별로 재분류한 다음 구체적인 설계값들을 적용하여 정량화 계획을 수립함

• U- Forest의 활동부문별 이산화탄소 배출량의 정량화 요소 및 정량화 방법은 표3과 같음

■ **표3** U-Forest 내 부문별 탄소정량화 요소 및 정량화 방법

구 분		탄소정량화 요소		구체적 정량화 방법	참고
탄소저감	주택	초에너지 절약형 주택 도입		난방에너지 요구량 (단독 15 kwh, 공동 18.75 kwh)	133p
		신・재생 에너지	태양광	4 m^2/세대	134p
			태양열	8 m^2/세대	135p
	상업 및 공공	고효율 외피 시스템의 도입		에너지효율 향상비율 30%	136p
		신・재생 에너지	태양광	전력사용량의 5%, 10%, 30%, 100% 비율 공급	136p
			태양열	난방에너지 사용량의 10%	137p
			지열	냉난방 부하량의 30%	138p
	수송	자전거 이용의 활성화		자전거 수단 분담률 20%	139p
		친환경 대중교통 도입		클린버스 도입 비율 100%	140p
		직주근접		교통수단별 통행거리의 감소비율 30%	140p
		학주근접		교통수단별 통행거리의 감소비율 30%	141p
		대중교통의 연계 활성화		버스-경전철 등을 연계한 승용차 수단 분담률 11% 감소	142p
	폐기물	폐기물 처리기술의 향상		고형화 연료시설(RDF) 온실가스 저감비율 21%	143p
		쓰레기 자동수거 시스템		쓰레기 수거 차량의 운행거리 감소 (일 5 km)	143p
	수자원	중수 및 빗물 이용		중수와 빗물의 활용비율 적용	144p
탄소흡수	녹지	녹지면적 확보		확보 녹지면적과 온실가스 흡수 원단위 이용	145p

탄소배출 저감량 산정

주택부문

초 에너지 절약형 주택 도입 –695Ton CO_2 / 년 절감

A 도입전 난방에너지 사용에 의한 탄소배출량 – 862Ton CO_2 / 년

- U-Forest의 개발에 따른 난방 및 취사에 의한 연료사용량을 산정하기 위해서는 사업지구에서 발생하는 열부하량을 산정한 후, 이를 이용하여 난방 및 취사용 연료 발열량 자료를 이용하여 연료사용량으로 환산하여야 함
- 취사로 인한 연료사용량은 공동조리 등을 통하여 절감할 수 있으나 그 절감량이 난방에너지 절감량에 비하여 미미하며, 또한 정량화하기 어려운 부분이므로 본 산정에서는 제외
- 사업지구에서 발생하는 열부하 산출은 토지이용계획과 용적률, 난방율 자료를 이용하여 난방면적을 산정한 후 지식경제부 고시 제2009-29호 "에너지사용계획 수립 및 협의절차 등에 관한 규정"의 단위열부하 발생원단위를 이용하여 산정
- 난방면적은 건축물 연면적에 난방율(단독주택 : 85%, 공동주택 : 80%)을 곱한 값으로 산정하며, 한옥은 단독주택에 포함시켜 계산
- 열 수요량 및 도시가스 수요량은 다음 식 **8.1, 8.2**를 이용하여 산정
- **연간 난방용 가스수요량은 387천Nm³ / 년**이며, 그에 따른 **탄소배출량은 862.4Ton CO_2 / 년**임

$$\text{열 수요량(Gcal/년)} = \text{동시열부하량(Gcal/h)} \times 8{,}760 \times 0.25(\text{평균부하율}) \quad (\text{식 } 8.1)$$

$$\text{도시가스 수요량(천Nm}^3\text{/년)} = \frac{\text{열 수요량(Gcal/년)} \times 10^3}{10{,}550\text{Kcal/Nm}^3 \times 0.80(\text{난방효율})} \quad (\text{식 } 8.2)$$

※ 참고 : "온실가스 항목의 효율적 환경영향평가 방안"(2009. 7, 한국환경정책·평가 연구원)

■ **표4** 주택부문의 난방용 가스수요량과 탄소배출량 산정

구분	난방 면적 (m^2)	단위 열부하 (Kcal / m^2·h)	최대 열부하량 (Gcal / h)	수송 손실 (Gcal / h)	열부하량 (Gcal / h)	동시 부하율 (ø)	동시 열부하량 (Gcal / h)	열수요량 (Gcal / 년)	가스 수요량 (천Nm^3 / 년)	CO_2 배출계수	CO_2 발생량
	①	②	③=①×②	④=③×0.03	⑤=③+④	⑥	⑦=⑤×⑥	(식 8.1)	(식 8.2)	tCO_2/천Nm^3	T CO_2 / 년
단독주택	12,117	76.7	0.93	0.03	0.96	0.85	0.81	1,773.9	210.2	2.2306	468.9
공동주택	11,290	68.0	0.77	0.02	0.79	0.85	0.68	1,489.2	176.4		393.5
소계	23,407	–	1.70	0.05	1.75	–	1.49	3,263.1	387	–	862.4

※ 단위열부하는 난방과 급탕을 포함한 값임
도시가스(LNG)의 CO_2배출원단위는 2.2306kg / ㎥ [4] 을 적용
자료 : 지식경제부 고시 제2009-29호 에너지사용계획수립 및 협의절차 등에 관한 규정

B 초 에너지 절약형 주택 도입 후 난방에너지 사용에 의한 탄소배출량 – 167Ton CO_2 / 년

- "U-Fores 에너지 소요량 평가" (2010. 4, ZedMJ)에 따라 산출된 에너지량을 기준으로 하여 절감량을 계산
- 1.5리터 초 에너지 절약형 주택의 난방에너지 요구량 15kwh / ㎡·a, 1차 에너지[5]요구량은 120kwh / ㎡·a
- 초에너지 절약형 타워 주택의 난방에너지 요구량은 18.75 kwh / ㎡·a로, 일반주택(150kWh/㎡·a)의 12.5% 수준임(일반주택에 비해 87.5% 이상의 난방에너지 절감)
- 초 에너지 절약형 주택 요소도입 후 연간 난방 에너지사용량은 393MWh / 년이며, 그에 따른 탄소배출량은 166.7Ton CO_2 / 년임

■ **표5** 초에너지 절약형 주택(Passiv Haus) 요소도입 후의 연간 난방에너지와 탄소배출량

부문	절감요소	구분	난방면적 (m^2)	초 에너지 절약형 주택 요소도입비율	난방에너지 요구량 (kWh / m^2 · a)	연간난방 에너지사용량 (MWh / 년)	CO_2 배출계수 (tCO_2 / MWh)	CO_2 발생량 (T CO_2 / 년)
주택 부문	초에너지 절약형 주택 (Passiv Haus)	단독주택	12,117	100%	15.00	182	0.424	77.2
		공동주택	11,290	100%	18.75	211		89.5
		소계	23,407		–	393	–	166.7

※ 전력의 CO_2 배출원 단위는 0.424kg / kw [6] 을 적용

C 탄소배출 저감량 – 695Ton CO_2 / 년

- 초 에너지 절약형 주택 요소도입에 따른 연간 탄소배출 저감량을 산정한 결과, A(862) – B(167) = 695Ton CO_2 / 년임

4) 참고 : "온실가스 항목에 관한 환경영향평가 가이드라인(안)" (2009.12, 환경부 국토환경정책과)

5) 난방, 냉방, 조명, 환기, 급탕을 포함하는 에너지

6) 한전(http://www.kepco.co.kr) 웹사이트 참조

신 · 재생 에너지 – 태양광 발전시스템의 도입 – 497Ton CO_2/년 절감

A 도입전 전력 사용에 의한 탄소배출량 – 502Ton CO_2/년

- 사업지구의 용도부문별 단위전력 사용량은 "2005년도 에너지 총조사 보고서"(2006. 10, 산업자원부)를 따랐으며, 공동주택의 동력부하량은 공동주택 세대전력사용량의 40%[7]를 적용
- 주택부문의 전력 수요량은 1,185MWh/년이며, 그에 따른 탄소 배출량은 502.4Ton CO_2/년 임

■ **표6** 주택부문의 전력 사용량과 탄소배출량 산정

구분	규모	단위전력사용량	연간전력 사용량 (MWh/년)	CO_2 배출계수 (tCO_2/MWh)	CO_2 발생량 (T CO_2/년)
단독주택	133 세대	3,538.8 kWh/세대 · 년	471	0.424	199.7
공동주택	156 세대		714		302.7
60～85m²	36 세대	2,928.5 kWh/세대 · 년	105		44.5
85m² 초과	120 세대	3,376.3 kWh/세대 · 년	405		171.7
공동주택동력부하		세대용의 40%	204		86.5
소계			1,185		502.4

※ 단위전력 사용량 자료 : "2005년도 에너지 총조사 보고서"(2006. 10, 산업자원부)

B 태양광 발전시스템 도입에 의한 탄소배출 저감량 – 497Ton CO_2/년

- 단독주택의 세대별 태양광 발전시스템 설치 규모는 4kw/h임
- 태양광 발전시스템 도입에 의한 연간 전력 절감량은 1,171MWh/년이며, 그에 따른 탄소배출 저감량은 496.5Ton CO_2/년임

■ **표7** 태양광 발전시스템 도입에 의한 연간 전력 절감량 및 탄소배출 저감량

부문	절감 요소	구분	설치용량 (kW/개소)	설치대수 (개소)	총설치용량 (kW)	일조시간 (h/년)	전력절감량 (MWh)	CO_2 배출계수 (tCO_2/MWh)	CO_2 발생량 (T CO_2/년)
주택부문	태양광 발전 시스템	단독주택	4	133	532	2,086	1,110	0.424	470.6
		공동주택(동력)			30		61 *		25.9
		합계			562		1,171		496.5

※ 일조시간은 수원지역 년평균 일조시간 자료[8]임
(*) 공동주택 동력부하 연간전력사용량의 30%에 해당하며, 총 설치 규모는 30kw 이상일 것

7) 참고 : "온실가스 항목의 효율적 환경영향평가방안"(2009. 7, 한국환경정책 · 평가연구원)

8) 참고 : "화성○○2지구 택지개발사업 에너지사용계획서"(2008. 12, 대한주택공사)

신 · 재생 에너지 – 태양열 온수급탕 시스템의 도입 – 165Ton CO_2/년 절감

- 단독주택의 세대별 태양열 집열면적은 8㎡임
- 태양열 온수급탕 시스템 도입에 의한 연간 연료절감량은 73.8천N㎥/년이며, 그에 따른 탄소배출 저감량은 164.6Ton CO_2/년임

■ 표8 태양열 도입에 따른 연간 연료 절감량 및 탄소 배출 저감량

부문	절감 요소	구분	집열면적 (m^2/개소)	설치대수 (개소)	총설치 면적(m^2)	일사량 (Kcal/m^2 · 일)	시스템 효율(%)	열절감량 (Gcal/년)	연료절감량 (천 Nm^3/년)	CO_2 배출계수 (tCO_2/천Nm^3)	CO_2 절감량 T CO_2/년
주택 부문	태양열 온수급탕 시스템	단독 주택	8	133	1,064	3,083.3	52	623	73.8	2.2306	164.6

※ 1. 열절감량 = 일사량 × 집열면적 × 시스템효율 × 설치대수 × 365일
2. 일사량 : 3,083.3㎉/㎡·일(설치경사각 33°기준 서울지역 남향 일사량)
3. 시스템 효율 : 평판형 태양열 온수기의 집열모듈 효율기준
자료 : "화성○○2지구 택지개발사업 에너지사용계획서"(2008. 12, 대한주택공사)

주택부문의 탄소절감

▶ 탄소배출 절감량 : 1,358Ton CO_2/년
▶ 수목식재효과 : 연간 49만 그루
▶ 탄소배출권 : 2,646만원
▶ 경제적 효과 : 연간 3억 6천 2백만원 절약[9)]

■ 표9 주택부문의 탄소절감 효과

부문	탄소절감 요소기술		탄소저감량 (Ton CO_2/년)	가치환산		비용절감
				수목식재효과	탄소배출권확보 경제적이익	
주택 부문	초에너지 절약형 주택 도입		695	25만 그루	1,355 만원	247백만원(가스) 115백만원(전기)
	신·재생 에너지	태양광	497	18만 그루	969 만원	
		태양열	165	6만 그루	322 만원	
합계			1,357	49만 그루	2,646 만원	362백만원

※ 수목식재 효과는 이산화탄소 1톤당 30년생 잣나무 기준 360그루가 흡수하는 양으로 환산가능, 탄소배출권은 CO_2 1톤 당 13유로, 1,500원/유로를 기준으로 환산

9) 참고 : LNG 최종소비자 요금(경기지역)기준 : 641.71원/㎥(주택난방), 652.19원/㎥(업무난방), (2007산업자원백서, 지식경제부, 2008. 9)
전력판매단가 : 98.07원/kwh(주택), 98.50원/kwh(일반) 이용(한국전력통계 제79호(2009년), 한국전력공사, 2010. 5)

상업 및 공공부문

• 고효율 외피 시스템의 도입 – 877 Ton CO_2/년 절감

A 도입전 난방에너지 사용에 의한 탄소배출량 – 2,923 Ton CO_2/년

- 상업 및 공공시설 부문의 가스 수요량 산정시 일반적 사항은 주택부문과 동일하게 적용
- 난방면적은 건축물 연면적에 난방율(상업시설 : 70%, 학교 : 89%, 사회복지시설 : 100%, 문화시설 : 80%)을 곱한 값으로 산정하며, R&DB는 문화시설에 포함시켜 계산
- 연간 난방용 가스 수요량은 1,310천Nm³/년이며, 그에 따른 탄소배출량은 2,923.0 Ton CO_2/년임

B 고효율 외피시스템 도입에 의한 탄소배출 저감량 – 877 Ton CO_2/년

- 각 건물에 대한 목표 난방에너지 절감비율 30% 적용
- 고효율 외피시스템 도입에 의한 연간 난방 에너지 절감량은 393천Nm³/년 (= 1,310 × 0.3)이며, 그에 따른 탄소배출 저감량은 876.6 Ton CO_2/년(= 393 × 2.2306)임

■ **표10** 상업 및 공공시설 부문의 난방용 가스 수요량과 탄소배출량 산정

구분	난방 면적 (m^2)	단위열 부하 (Kcal/m^2·h)	최대열 부하량 (Gcal/h)	수송손실 (Gcal/h)	열부하량 (Gcal/h)	동시 부하율 (ø)	동시 열부하량 (Gcal/h)	열수요량 (Gcal/년)	가스 수요량 (천Nm³/년)	CO_2 배출계수	CO_2 발생량
	①	②	③=①×②	④=③×0.03	⑤=③+④	⑥	⑦=⑤×⑥	(식 8.1)	(식 8.2)	tCO_2/천Nm³	T CO_2/년
상업시설용지	5,601	114.0	0.64	0.02	0.66	0.85	0.56	1,226.4	145.3	2.2306	324.1
공공시설용지	50,169	94.0	5.13	0.15	5.28	0.85	4.49	9,833.1	1,165.1		2,598.9
학교시설	25,964	–	2.44	0.07	2.51	0.85	2.14	4,686.6	555.3		1,238.4
사회복지시설	6,605	96.0	0.63	0.02	0.65	0.85	0.55	1,204.5	142.7		318.3
문화시설	17,600	117.0	2.06	0.06	2.12	0.85	1.80	3,942.0	467.1		1,041.9
소계	55,770	–	5.77	0.17	5.94	–	5.05	11,059.5	1,310.0	–	**2923.0**

※ 단위열부하는 난방과 급탕을 포함한 값임
자료 : 지식경제부 고시 제2009-29호 에너지사용계획수립 및 협의절차 등에 관한 규정

• 신 · 재생 에너지 – 태양광 발전시스템의 도입 – 665 Ton CO_2/년 절감

A 도입전 전력 사용에 의한 탄소배출량 – 6,667 Ton CO_2/년

- 사업지구의 용도부문별 단위전력 사용량은 "2005년도 에너지 총조사 보고서"(2006. 10, 산업자원부)를 따름
- 상업 및 공공부문의 전력수요량은 15,725MWh/년 이며, 그에 따른 탄소배출량은 6,667.4 Ton CO_2/년 임

■ **표11** 상업 및 공공시설 부문의 전력 사용량과 탄소배출량 산정

구분	규모	단위전력사용량	연간전력 사용량 (MWh/년)	CO_2 배출계수 (tCO_2/MWh)	CO_2 발생량 (T CO_2/년)
상업시설용지	8,001 m^2	298.8	2,391	0.424	1,013.8
공공시설용지	–	–	13,334		5,653.6
학교시설	29,173 m^2	86.5	2,523		1,069.8
사회복지시설	6,605 m^2	126.3	834		353.6
문화시설	22,000 m^2	126.3	2,779		1,178.3
쓰레기자동집하시설	1 개소	660 (kVA)	5,203		2,206.1
도로·주차장	31,044 m^2	319 (kVA)	1,006		426.5
공원	128,852 m^2	49 (kVA)	155		65.7
소계			15,725		**6,667.4**

※ 참고 : 『2005년도 에너지 총조사 보고서, 2006. 10, 산업자원부』 단위전력 사용량

■ 표12 태양광 발전시스템 도입에 의한 연간 전력 절감량 및 탄소배출 저감량

부문	절감요소	구분	전력절감량 (MWh/년) (전력사용량×목표절감비율)	CO_2 배출계수 (tCO_2/MWh)	CO_2 발생량 (T CO_2/년)
상업 및 공공시설 부문	태양광 발전 시스템	상업시설용지	2,391×10% = 239	0.424	101.3
		공공시설용지	1330		563.9
		학교시설	2,523×10% = 252		106.8
		사회복지시설	834×10% = 83		35.2
		문화시설	2,779×10% = 278		117.9
		쓰레기자동집하시설	5,203×5% = 260		110.2
		도로·주차장	1,006×30% = 302		128
		공원	155×100% = 155		65.7
		합계	1,569		**665.2**

※ 목표 전력 절감량에 해당하는 총 설치규모는 752kw 이상일 것

태양광 발전시스템 도입에 의한 탄소배출 저감량 – 665 Ton CO_2/년

- 건물용도별 태양광 발전시스템 설치에 따른 목표 전력사용량절감비율을 적용
- 태양광 발전시스템 도입에 의한 연간 전력절감량은 1,569MWh/년이며, 그에 따른 탄소배출 저감량은 665.2 Ton CO_2/년임

■ 표13 태양열 도입에 따른 연간 연료 절감량 및 탄소 배출 저감량

부문	절감요소	구분	연료절감량(천Nm^3/년)	CO_2 배출계수 (tCO_2/천Nm^3)	CO_2 저감량 (T CO_2/년)
상업 및 공공시설 부문	태양열 온수급탕 시스템	상업시설	145×0.1 = 14.5	2.2306	32.3
		공공시설	– 116.5		259.9
		학교시설	555×0.1 = 55.5		123.8
		사회복지시설	143×0.1 = 14.3		31.9
		문화시설	467×0.1 = 46.7		104.2
		합계	131.0		**292.2**

※ 1. 목표 연료절감량에 해당하는 총 설치규모는 1,889㎡ 이상일 것

신 · 재생에너지 – 태양열 온수급탕 시스템의 도입 – 292 Ton CO_2/년 절감

- 건물용도별 태양열 온수 급탕시스템 설치에 따른 목표 연료사용량 절감비율(10%)을 적용
- 태양열 온수급탕 시스템 도입에 의한 연간 연료절감량은 131천Nm^3/년이며, 그에 따른 탄소배출 저감량은 292 Ton CO_2/년 임

신 · 재생 에너지 – 지열 냉난방 시스템 도입 –582 Ton CO_2/년 절감

- 건물의 냉방부하의 산정은 다음의 식 8.3[10]을 이용
- 냉방설계 기준 외기온도는 31.2℃, 실내온도는 26℃로 설정
- 냉방시간은 학교 1일 9시간, 기타 시설은 1일 12시간을 적용 (학교는 7월 20일 ~ 8월 10일간의 여름 방학은 제외)
- 일반건물의 단위 냉방부하는 "냉방 열사용시설기준"(2006. 1. 한국지역난방공사)에 제시된 값(상업시설 : 154, 학교 : 105, 문화시설 : 114kcal/㎡ · hr)을 적용
- 기타건물의 단위 냉방부하는 "에너지 사용계획수립 및 협의 절차 등에 관한 규정"(2003.1. 산업자원부 고시 제2002-130호)에 제시된 값(사회복지 및 기타건물 : 95kcal/㎡ · hr)을 적용
- 냉방면적 산출시, 기계실 등은 냉방을 하지 않으므로 건물 연면적의 70%를 적용
- 연간 기상데이터 자료[11] 및 냉방부하는 별도로 산정

$$q_c = \Sigma\left[\left\{\frac{q_r \times 0.4 \times (t_o' - t_i)}{(t_o - t_i)} + (q_r \times 0.6)\right\} \times A_c \times T_c\right] \quad \text{(식 8.3)}$$

q_c : 실제 냉방부하(Gcal/y)
q_r : 냉방 단위열부하(kcal/㎡ · h)
A_c : 냉방 면적(㎡)
T_c : 냉방 시간(hr)
t_i, t_o, t_o' : 설계실내온도, 설계 외기온도, 외기온도(℃)
단, 외기온도 〈 26℃ 이면 냉방부하량 = 0

■ **표14** 지열 시스템 도입에 따른 냉난방에너지 절감량 및 탄소 배출 저감량

부문	절감요소	구분	연간냉난방 부하 (Gcal/년)		지열시스템 활용량(MWh/년) = 냉(난)방열용량(Gcal/년) × 지열비율 ÷ (860kcal/kw × 냉(난)방CDP)			CO_2 배출계수 (tCO_2/MWh)	CO_2 저감량 (T CO_2/년)
			냉방	난방	냉방	난방	합계		
상업 및 공공시설 부문	지열 냉난방 시스템	상업시설	502	1,226	502×0.3÷(0.86×4.5) = 38.9	1,226.4×0.3÷(0.86×3.3) = 129.6	168.5	0.424	71.4
		공공시설	2,131	9,833	165.2	1,039.4	1,204.6		510.8
		학교시설	855	4,687	855×0.3÷(0.86×4.5) = 66.3	4,686.6×0.3÷(0.86×3.3) = 495.4	561.7		238.2
		사회복지시설	255	1,205	255×0.3÷(0.86×4.5) = 19.8	1,204.5×0.3÷(0.86×3.3) = 127.3	147.1		62.4
		문화시설	1,021	3,942	1,021×0.3÷(0.86×4.5) = 79.1	3942×0.3÷(0.86×3.3) = 416.7	495.8		210.2
		합계	2,633	11,060	204.1	1,169	1,373.1		**582.2**

지열 냉난방 시스템 도입에 의한 탄소배출 저감량 – 582 Ton CO_2/년

- 지열시스템 히트 펌프의 성능(COP[12])은 냉방의 경우 4.5, 난방의 경우 3.3을 적용(참조, "주택 · 건물 부분의 에너지절약 동향 분석"(2005, 에너지기술연구원, 박효순))
- 건물 용도별 냉난방에너지의 30%에 해당하는 에너지를 지열시스템 도입으로 충당하도록 하며, 이로 인한 에너지절감량을 산정
- 난방열용량은 표10 '상업 및 공공시설 부문의 난방용 가스수요량과 탄소배출량 산정'을 참조
- 지열 냉난방 시스템 도입에 의한 연간 냉난방에너지의 절감량은 1,373.1MWh/년이며, 그에 따른 탄소배출 저감량은 582.2 Ton CO_2/년 임

상업, 공공부문의 탄소절감

▶ 탄소배출 절감량 : 2,416 Ton CO_2/년
▶ 수목식재효과 : 연간 87만 그루
▶ 탄소배출권 : 4,711만원
▶ 경제적 효과 : 연간 6억6천6백만원 절약[13]

■ **표15** 상업 및 공공부문의 탄소절감 효과

부문	탄소절감 요소기술		탄소저감량 (Ton CO_2/년)	가치환산		비용절감
				수목식재효과	탄소배출권확보 경제적이익	
상업 및 공공 부문	고효율외피시스템 도입		877	32만 그루	1,710 만원	512백만원(가스) 154백만원(전기)
	신·재생 에너지	태양광	665	24만 그루	1,297 만원	
		태양열	292	11만 그루	569 만원	
		지열	582	21만 그루	1,135 만원	
합계			**2,416**	**87**만 그루	**4,711** 만원	**666**백만원

※ 수목식재 효과는 이산화탄소 1톤당 30년생 잣나무 기준 360그루가 흡수하는 양으로 환산가능, 탄소배출권은 CO_2 1톤 당 13유로, 1,500원/유로를 기준으로 환산

10) 참조 : "파주운정지구택지개발사업 에너지사용계획서"(2004. 6. 대한주택공사)

11) 기온조건은 수원의 2009년 온도자료이용(기상청 홈페이지 자료 인용)

12) Coefficient Of Performance, COP

13) 참고 : LNG 최종소비자 요금 (경기지역)기준 : 641.71원/m³(주택난방), 652.19원/m³(업무난방), "2007산업자원백서" (2008. 9. 지식경제부) 전력판매단가 : 98.07원/kwh(주택), 98.50원/kwh(일반), – "한국전력통계 제79호(2009년)" (2010. 5. 한국전력공사)

수송부문

- 수송부문의 이산화탄소 배출량은 승용차 사용 억제, 대중교통 수단 및 자전거 이용확대 등의 정책을 시행함에 따라 기존 신도시의 개발방식보다 이산화탄소 배출량이 저감됨
- 수송부문의 이산화탄소 배출을 정량화하기 위해서는 우선 계획대상지 내의 차량 대수에 대한 추정이 필요
- 경기도의 세대당 차종별 차량대수[14]와 U-Forest의 계획 세대수를 이용하여 U-Forest 마을의 차종별 차량 대수를 예상하고, 그에 따른 이산화탄소 배출량을 계산

■ 표16 계획 차량대수 추정 및 수송부문 이산화탄소 배출량

차종	계획세대수	경기도 세대당 차량대수	예상 차량대수	배출원단위 (Ton CO_2/대)	CO_2 발생량 (Ton CO_2)
승용차	289	0.885	256	4.271	1,093
택시		0.017	5	33.080	165
승합차		0.098	29	4.717	137
버스		0.008	3	64.917	195
화물차		0.229	67	8.959	600
합계			360		**2,190**

※ 참조 : "경기통계연보"(2007, 경기도)의 경기도 지역 수송 부문의 차량 1대당 이산화탄소 배출원단위

자전거 이용의 활성화 – 367 Ton CO_2/년 절감

- 자전거도로 확장과 자전거수단 분담율의 증가에 따른 이산화탄소 배출량 변화는 "동탄(2)신도시 저탄소 도입연구"(2009.7, 한국토지공사)의 계산 예를 참조
- 자전거도로와 자전거 수단분담율과의 관계[15] 식(8.4)를 활용하여 목표로 설정된 자전거수단 분담률을 달성하기 위해 필요한 자전거 도로연장을 산정함
- 자전거 통행량 증가가 모두 승용차 통행량의 감소와 같음을 전제하고, 이렇게 도출된 승용차 통행량에 이산화탄소 배출원단위를 적용하여 자전거 활성화에 따른 이산화탄소 저감량을 산정.
- 기본 자전거 수단분담률은 2006년 용인시의 자전거 수단분담률[16]인 0.66% 적용
- 자전거 이용 활성화에 의한 자전거 수단 분담률을 20%[17]로 설정하고, 이를 만족시키기 위한 자전거도로 연장은 1.84km로 산정됨(계획 일반도로 연장 2.87km 적용 시)
- 계획 자전거도로연장은 5.15km임
- 자전거 이용의 활성화에 의한 승용차 통행율 변화에 따라 연간 이산화탄소의 배출 저감량은 다음과 같이 367 Ton CO_2/년임

■ 표17 자전거 이용 활성화에 따른 탄소배출 저감량

구분	자전거 이용활성화		비고
	도입전	도입후	
자전거 수단 분담율	기본 0.66%	20%	
자전거도로/일반도로 비율(%)		63.98	식 (8.4) 참조
자전거도로 연장(Km)		1.84	U-Forest 내 일반도로 연장 2.87km
U-Forest 자전거 통행량(명)	6	159	계획인구 795명 중
U-Forest 자전거 통행량 변화(명)		153	승용차 통행량 감소와 동일
승용차통행 변화율		-33.96%	(*)
U-Forest 승용차대수(대)	256	170	
승용차 이산화탄소 배출량(Ton CO_2)	1,093	726	탄소배출원단위 적용
다른 교통수단의 배출량(Ton CO_2)	1,097		
총 이산화탄소 배출량(Ton CO_2)	2,190	1,823	
저감된 이산화탄소 배출량(Ton CO_2)	-	**367**	

※ 참고 : (*)는 용인시의 2006년 승용차 수송분담률(56.94%)을 기준으로 변화율을 산정

$$RR^r = 11.087 + 2.6445\, BSR^r \quad (식\ 8.4)$$

RR^r : 지역 r 의 자전거도로 / 일반도로 비율
BSR^r : 지역 r 의 자전거 수단분담율

14) 참조 : "동탄(2) 신도시 저탄소 도입 연구"(2009.7, 한국토지공사)
15) 참조 : "동탄(2) 신도시 저탄소 도입 연구"(2009.7, 한국토지공사)
16) 참조 : "2006 수도권 가구통행실태조사 가구통행실태조사 및 OD구축"(2007.12, 수도권 교통본부) 자료 이용
17) 참조 : "동탄(2) 신도시 저탄소 도입 연구"(2009.7, 한국토지공사)

친환경 대중교통의 도입 – 195 Ton CO_2/년 절감

- 대중교통수단 중의 하나인 버스를 탄소 배출이 없는 친환경 버스(크린버스)로 도입하여, 이산화탄소의 배출이 없을 것으로 예측
- 친환경 버스의 도입에 의한 탄소 배출 저감량은 다음과 같이 195 Ton CO_2/년임

■ 표18 친환경 버스의 도입에 따른 이산화탄소 배출 저감량

부문	절감요소	구분	차량대수	이산화탄소배출량 (Ton CO_2)	CO_2 저감량 (Ton CO_2/년)
수송	친환경 대중교통	도입전	3	195	**195**
		도입후		0	

직주근접(職住近接)계획 요소의 도입 – 78 Ton CO_2/년 절감

- 한국교통연구원의 통계자료에 의하면 경기도에 거주하는 직장인의 평균 통근거리는 9.267km/일(편도거리)[18)]임
- 평균 1일 통근거리를 왕복 18.534 km로 반영
- 년간 목적통행 일수는 286회(주5.5회 × 52주(년간))를 기준

A 직주근접 계획에 의한 자동차 통행거리의 감소

- 수도권의 통근통행시 교통수단별 통행량과 분담율 자료[19)]를 이용하여 통근목적에 따른 교통수단의 이용비율(승용차 : 58.10%, 대중교통(버스) : 35.75%)을 정함
- 평균 통행거리의 감소는 직주근접 계획 전에 비해 30% 감소하는 것으로 가정
- 직주근접 계획요소 도입 후의 통근 목적 자동차의 통행거리 감소는 표19와 같이 계산

■ 표19 교통수단별 통근거리 산정 (자동차 1대 당)

부문	기술요소	도입구분	통근거리 (km/일) (ⓐ)	1일 통행거리 (km) (ⓑ)		년간 통행거리 (km) (ⓑ×286)		비고
				승용차 (ⓐ×0.581)	대중교통 (ⓐ×0.3575)	승용차	대중교통	
수송	직주근접	도입전	18.534	10.77	6.63	3,080	1,896	**286** 회/년 통행기준
		도입후	12.974	7.54	4.64	2,156	1,327	

B 직주근접 계획요소 도입에 의한 탄소배출 저감량

– 78 Ton CO_2/년

- "온실가스 항목에 관한 환경영향평가 가이드라인(안)"(2009, 환경부 국토환경정책과)에 의한 평균속도에 따른 차량의 종류별 온실가스 배출원단위를 적용
- 도심 차량의 평균주행 속도는 20km/h를 적용하였음(김운수, 2006)
- 표20과 같이 직주근접 계획요소를 적용하였을 때, 그에 따른 탄소배출 저감량은 78 Ton CO_2/년임

■ 표20 직주근접 계획요소의 적용에 따른 이산화탄소의 절감량

부문	절감요소	도입구분	이산화탄소 배출 원단위 (g/km)		연간 이산화탄소 배출량(Ton CO_2/년)		저감량 (Ton CO_2/년)
			승용차	버스			
수송	직주근접	도입전	251.7	11,064.1	[(251.7×3,080)×256+(11,064.1×1,896)×3]/1,000,000 =	261	**78**
		도입후			[(251.7×2,156)×256+(11,064.1×1,327)×3]/1,000,000 =	183	

18) 참고 : "주택·교육정책이 교통에 미친 영향분석과 개선방향" (2008, 한국교통연구원)

19) 참고 : "인구주택총조사 자료를 이용한 대도시 통근·통학 특성 분석" (2004.11, 교통개발연구원)

■ 표21 교통수단별 통학거리 산정 (자동차 1대 당)

부문	기술요소	도입구분	통학거리 (km/일) (ⓐ)	1일 통행거리 (km) (ⓑ)		년간 통행거리 (km) (ⓑ×286)		비고
				승용차 (ⓐ×0.0206)	대중교통 (ⓐ×0.4648)	승용차	대중교통	
수송	학주근접	도입전	16.400	0.34	7.62	97	2,179	**286** 회/년 통행기준
		도입후	11.480	0.24	5.34	69	1,527	

학주근접(學住近接)계획 요소의 도입 – 24 Ton CO_2/년 절감

- 한국교통연구원의 통계자료에 의하면 경기도에 거주하는 학생의 평균 통학거리는 8.20km/일(편도거리)[20]임
- 평균 1일 통학거리를 왕복 16.400km로 반영
- 년간 목적통행 일수는 286회(주5.5회 × 52주(년간))를 기준

■ 표22 학주근접 계획요소의 적용에 따른 이산화탄소의 절감량

부문	절감요소	도입구분	이산화탄소 배출 원단위 (g/km)		연간 이산화탄소 배출량(Ton CO_2/년)		저감량 (Ton CO_2/년)
			승용차	버스			
수송	학주근접	도입전	251.7	11,064.1	[(251.7×97)×256+(11,064.1×2,179)×3]/ 1,000,000 =	79	24
		도입후			[(251.7×69)×256+(11,064.1×1,527)×3]/ 1,000,000 =	55	

학주근접 계획에 의한 자동차 통행거리의 감소 A

- 수도권의 통학통행시 교통수단별 통행량과 분담율 자료[21]를 이용하여 통학목적에 따른 교통수단의 이용비율(승용차 : 2.06%, 대중교통(버스) : 46.48%)을 정함
- 평균 통행거리의 감소는 학주근접계획 전에 비해 30% 감소하는 것으로 가정
- 학주근접 계획 요소 도입 전후의 통근목적 자동차의 통행거리 감소는 표21과 같이 계산

학주근접계획 요소 도입에 의한 탄소배출 저감량 B – 24 Ton CO_2/년

- "온실가스 항목에 관한 환경영향평가 가이드라인(안)"(2009, 환경부 국토환경정책과)에 의한 평균속도에 따른 차량의 종류별 온실가스 배출원단위를 적용.
- 도심 차량의 평균주행 속도는 20km/h를 적용하였음(김운수, 2006)
- 다음과 같이 학주근접 계획요소를 적용하였을 때, 그에 따른 탄소배출 저감량은 24 Ton CO_2/년임

20) 참고 : "주택·교육정책이 교통에 미친 영향분석과 개선방향" (2008, 한국교통연구원)

21) 참고 : "인구주택총조사 자료를 이용한 대도시 통근·통학 특성 분석" (2004.11, 교통개발연구원)

대중교통의 연계 활성화 계획 요소의 도입 – 120 Ton CO_2/년 절감

- 버스와 경전철 등을 연계한 대중교통의 연계 활성화로 인하여 대중교통의 통행비율이 증가하게 되며, 상대적으로 승용차의 통행비율 저하를 수반
- 승용차의 통행비율 저하를 11%[22]로 하였음
- 도입전 승용차의 연간 이산화탄소 배출량의 산정은 표16 '계획 차량대수 추정 및 수송부문 이산화탄소 배출량'을 참고
- 표23과 같이 대중교통의 연계 활성화 계획요소를 적용하였을 때, 그에 따른 탄소배출 저감량은 120 Ton CO_2/년임

■ **표23** 대중교통의 연계 활성화에 따른 승용차의 수단 분담률 변화 및 탄소 배출 저감량

부문	절감요소	도입구분	승용차의 수단 분담률(%)	승용차의 연간 이산화탄소 배출량(Ton CO_2/년)		저감량 (Ton CO_2/년)
수송	대중교통 연계활성화	도입전	56.94	–	1,093	120
		도입후	50.68	1,093×0.5068/0.5694 =	973	

※ 기본적인 승용차의 수단 분담률은 56.94%[23]임.

수송부문의 탄소절감

- ▶ 탄소배출 절감량 : 784 Ton CO_2/년
- ▶ 수목식재효과 : 연간 28만 그루
- ▶ 탄소배출권 : 1,529만원
- ▶ 경제적 효과 : 연간 5억8천2백만원 절약[24]

■ **표24** 수송부문의 탄소절감 효과

부문	탄소절감 요소기술	탄소저감량 (Ton CO_2/년)	가치환산		비용절감
			수목식재효과	탄소배출권확보 경제적이익	
수송 부문	자전거이용의 활성화	367	13만 그루	716만원	582백만원 (휘발유)
	친환경 대중교통의 도입	195	7만 그루	380만원	
	직주근접	78	3만 그루	152만원	
	학주근접	24	1만 그루	47만원	
	대중교통의 연계활성화	120	4만 그루	234만원	
합계		**784**	**28만 그루**	**1,529만원**	**582백만원**

※ 수목식재 효과는 이산화탄소 1톤당 30년생 잣나무 기준 360그루가 흡수하는 양으로 환산가능, 탄소배출권은 CO_2 1톤 당 13유로, 1,500원/유로를 기준으로 환산

22) 참고 : "2020년 용인 도시기본계획"(2006.9. 용인 지방대중교통계획 중간보고서(안))

23) 참고 : "2006 수도권 가구통행실태조사 가구통행실태조사 및 OD구축"(2007.12. 수도권 교통본부) 자료 이용

24) 참고 : 휘발유 가격 – 2009년 평균요금 기준 1,576.67 원/ℓ. (한국석유공사(http://www.knoc.co.kr/) 조사가격 자료)

폐기물부문

폐기물 처리기술의 향상 – 28 Ton CO_2/년 절감

- 폐기물부문 이산화탄소 배출량은 U-Forest의 계획 인구와 용인시의 세대당 소각폐기물 발생량 원단위(1.09 ton/세대)[25], 그리고 발생폐기물의 소각에 따른 이산화탄소 배출원단위(0.420 t CO_2/톤)로부터 예측 가능
- 폐기물 고형화연료(RDF[26])시설 설치에 의한 이산화탄소 배출 저감량은 일반적 소각처리에 비해 21%[27]의 이산화탄소 배출이 저감되는 것으로 봄
- 소각 등의 방법을 통한 폐기물의 일반적 처리시, 탄소 배출량은 132 Ton CO_2/년임
- 폐기물 처리기술의 향상에 의한 탄소배출 저감량은 28 Ton CO_2/년으로 산정됨

■ **표25** 폐기물 처리기술 향상 요소의 도입에 의한 탄소배출저감량

부문	절감요소	계획세대수 (세대)	소각폐기물 발생량원단위 (ton/세대)	폐기물 발생량 (ton)	탄소배출 원단위 (tCO_2/ton)	절감전 탄소 배출량 (tCO_2)	배출저감 비율(%)	CO_2 저감량 (tCO_2)
폐기물	폐기물 처리기술의 향상	289	1.09	315	0.420	132	21	**28**

쓰레기 자동수거 시스템의 도입 –3 Ton CO_2/년 절감

- Urban 영역의 쓰레기 자동수거 시스템 도입에 따른 쓰레기 수거차량의 운행거리 감소(1일 기준 5km 적용)로 인한 이산화탄소 절감량을 산정
- 수거차량의 평균 주행속도는 20km/h를 적용(김운수, 2006)하며, 원단위 계산 시 차종은 트럭을 적용
- 쓰레기 자동 수거 시스템의 도입에 따른 쓰레기 수거차량의 운행거리 감소로 인한 탄소배출 저감량은 3 Ton CO_2/년 으로 산정됨

■ **표26** 쓰레기 자동수거 시스템의 도입에 의한 탄소배출 저감량

대상	기술요소	도입구분	이산화탄소 배출 원단위 (g/km), 트럭	연간 이산화탄소 배출량(Ton CO_2/년)	저감량 (Ton CO_2/년)
수송	쓰레기 자동수거시스템 (Urban 영역)	도입전	1,981.7	= 5×264일×1,981.7/1,000,000	3
		도입후		= 0	

폐기물부문의 탄소절감

- ▶ 탄소배출 절감량 : 31 Ton CO_2/년
- ▶ 수목식재효과 : 연간 1만 그루
- ▶ 탄소배출권 : 61만원
- ▶ 경제적 효과 : 연간 9백만원 절약[28]

■ **표27** 폐기물부문의 탄소절감 효과

부문	탄소절감 요소기술	탄소저감량 (Ton CO_2/년)	가치환산		비용절감
			수목식재효과	탄소배출권확보 경제적이익	
폐기물 부문	폐기물처리기술의 향상	28	1만 그루	55만원	**9**백만원(가스)
	쓰레기 자동수거	3	0.1만 그루	6만원	
합계		**31**	1만 그루	**61**만원	**9**백만원

※ 수목식재 효과는 이산화탄소 1톤당 30년생 잣나무 기준 360그루가 흡수하는 양으로 환산가능, 탄소배출권은 CO_2 1톤 당 13유로, 1,500원/유로를 기준으로 환산

25) "용인시 통계연보"(2008, 용인시)
26) RDF(Refuse-Derived Fuel) : 폐기물 고형화 연료
27) 자료 : 산업자원부(2007)
28) 참고 : LNG 최종소비자 요금(경기지역)기준 : 641.71원/㎥(주택난방), 652.19원/㎥(업무난방), (2007산업자원백서, 지식경제부, 2008. 9)

수자원부문

중수 및 빗물 이용 – 10 Ton CO_2/년 절감

- 급수인구는 거주인구와 사업체종사자인구(거주인구의 10%로 가정)로 구성되며 생활용수는 급수인구와 급수원단위(320ℓ/인·일)[29]를 곱하여 산정
- 전체급수량(생활용수, 영업용수, 업무 및 기타, 도시지원시설, 소화용수량 등을 포함)의 산정은 생활용수 급수량의 150(%)에 해당한다고 가정(참고, 판교신도시 기본계획보고서, 한국토지공사, 2006.8)
- 전체급수량에 오수전환율(87.5%)을 곱하여 발생오수량 산정
- 중수 및 빗물의 활용(화장실, 살수, 세차 등) 가능비율은 "가정에서의 수돗물 사용량 기초조사 연구"(2004, 서울시정개발연구원)를 참조하여, 1일 오수발생량의 30.4%를 적용
- 상수도 사용이 중수도 및 빗물이용에 비해 물 1㎥ 생산·공급시 에너지 소비량(kwh)이 많으므로 탄소발생량도 많음
- 상수도 생산·공급 시 에너지 소비량(kwh)은 1.8kwh/ton, 중수도는 1㎥ 생산·공급시 에너지 소비량(kwh)은 1.1kwh/ton이며, 이산화탄소 배출원단위는 각각 0.763(상수도), 0.466(중수도)임[30]

A 절감전(중수(빗물)활용 가능 수량의 상수도 이용공급시) 탄소 배출량 산정 – 31 Ton CO_2/년

- U-Forest 마을의 중수와 빗물 사용 가능량, 즉 재활용 가능 수량은 연간 40,778 Ton으로 계산됨
- 이 재활용 가능 수량을 재활용해서 공급하지 않고, 모두 상수도를 이용하여 공급한다고 가정했을 때, 표28과 같이 연간 31톤의 이산화탄소가 발생함

■ 표28 중수(빗물)사용 가능량의 산정 및 재활용가능수량의 상수도 이용공급에 따른 배출량

구분	전체급수량 (m³/일) ⓐ	1일 최대오수량 (m³/일) ⓑ=ⓐ×87.5%	중수(빗물)활용 가능비율(%) ⓒ	활용가능수량 (Ton/년) ⓓ=ⓑ×ⓒ×365	상수도 이용시	
					CO_2배출 원단위 (kg/Ton)	CO_2배출량 (Ton/년)
절감전	420	367.5	30.4	40,778	0.763	31

※ 전체급수량은 계획인구 × 1.1(사업체 종사자 고려) × 1.5 × 320로 함.

B 중수와 빗물의 활용을 통한 탄소 배출량 – 21 Ton CO_2/년

- 빗물의 공급안정성을 고려해 빗물의 활용용도를 살수와 세차이용에 한정하여 빗물활용비율(10.9%)을 적용함(서울시정개발연구원, 2004)
- 재활용 가능수량 중 빗물의 활용비율을 제외한 나머지 수량은 중수를 통하여 공급(89.1%)

■ 표29 중수와 빗물의 활용에 따른 이산화탄소 배출량

부문	기술요소	구분	활용 비율 (%)	이산화탄소 배출 원단위	이산화탄소 배출량 (Ton/년)
수자원	중수와 빗물의 활용	중수 활용	89.1	0.466	40,778×0.891×0.466/1,000 = 17
		빗물 활용	10.9	0.001	40,778×0.109×0.001/1,000 = 4
		합계	100		21

29) 참조 : "용인 영덕하수종말처리시설 건설공사 기본계획보고서", (2007.3, 용인시)

30) 참고 : 환경부고시 제2007-178호('07.11.28) / 한무영(2008), "적극적인 빗물관리에 의한 기후변화 적응방안" / 기후변화 대응 물순환 신도시 조성을 위한 분산형 빗물관리 세미나 자료집, 대한주택공사

수자원부문의 탄소절감

- ▶ 탄소배출 절감량 : 10 Ton CO_2/년
- ▶ 수목식재효과 : 연간 3천 6백 그루
- ▶ 탄소배출권 : 20만원
- ▶ 경제적 효과 : 연간 8백만원 절약[31]

■ 표30 수자원부문의 탄소절감 효과

부문	탄소절감 요소기술	탄소저감량 (Ton CO_2/년)	가치환산		비용절감
			수목식재효과	탄소배출권확보 경제적 이익	
수자원 부문	중수 및 빗물 이용	10	0.36만 그루	20만원	8백만원(수도)
합계		**10**	**0.36만 그루**	**20만원**	**8백만원**

※ 수목식재 효과는 이산화탄소 1톤당 30년생 잣나무 기준 360그루가 흡수하는 양으로 환산가능, 탄소배출권은 CO_2 1톤 당 13유로, 1,500원/유로를 기준으로 환산

수자원 부문의 탄소배출 저감량 – 10 Ton CO_2/년

- 표28, 표29의 계산결과를 바탕으로, 수자원 부문의 탄소배출 저감량은 A(31) – B(21) = 10 Ton CO_2/년임

31) 참고 : 2006년 수돗물 평균요금 기준 577.3/㎥원, 한국수자원공사 웹사이트(http://www.kwater.or.kr/) 자료

녹지부문

■ 표31 나무연령 35세를 기준으로 한 임상별 탄소배출계수

임상	강원도지방 소나무	중부지방 소나무	잣나무	낙엽송	리기다 소나무	편백	상수리 나무	신갈 나무
탄소배출계수	1.51	2.27	2.68	2.92	2.53	1.96	3.3	3.51

출처 : 산림청, 2005

- 탄소흡수의 저탄소 녹색계획의 주요 요소는 크게 녹지·생태 요소와 수자원 요소로 볼 수 있다.
- 생태녹지 계획에 의한 온실가스 흡수효과는 산림청 및 경기도에서 제시하고 있는 원단위를 활용했다.
- 산림청(2005)에서 제시하고 있는 우리나라 평균 나무 연령인 35년 기준의 임상별 탄소흡수계수는 표31과 같으며, 대체로 상수리나무나 신갈나무와 같은 활엽수의 탄소흡수량이 높게 나타남
- 한편, 경기도 지역의 평균적인 산림 1ha가 흡수하는 이산화탄소는 연간 8.272 Ton CO_2로 나타남 (출처 : 경기통계연보, 2007)

녹지 면적의 확보 – 282 Ton CO_2/년 흡수

- U-Forest의 생태녹지계획에 따른 온실가스 흡수 효과는 나무가 심어진 공원 및 녹지 면적의 증가와, 건물 녹화로 인해 증가된 녹지 면적에 따른 온실가스 흡수량을 합산하여 추정하였음

A 일반적인 공원 · 녹지율로 조성할 경우

- 최근에 조성된 판교신도시의 공원·녹지율(37.4%)을 기준으로 하여 U-Forest를 일반적으로 조성할 경우, 흡수부문의 면적을 산정하면 14.2ha로 나타남

- 이 값을 기준으로 일반적인 조성의 경우, 탄소흡수량을 산정한 결과 연간 117 Ton CO_2/년임(표32)

■ 표32 일반적 조성시 녹지면적에 따른 탄소흡수량 산정

구분	총면적(ha)	공원 · 녹지율 (%)	흡수부문 면적(ha)	이산화탄소 흡수 원단위(TCO_2/ha)	이산화탄소 흡수량 (TCO_2/년)
일반적 조성의 경우	37.9726	37.4	14.2	8.272	117

※ 참고 : 공원·녹지율 적용 – "판교신도시 기본계획 보고서 2006.8"

■ 표33 U-Forest의 흡수부문의 탄소흡수량의 산정

구분		면적(ha)	이산화탄소 흡수 원단위(TCO_2/ha)	이산화탄소 흡수량 (TCO_2/년)
흡수 부문	공원 및 녹지	29.43	8.272	243
	옥상/벽면녹화 및 인공지반 녹지	1.97	8.272	16
	습지식물 및 플랑크톤	0.56	41.00	23
합계		31.96	–	**282**

※ 상기 면적 값은 학교부문의 녹지면적을 포함한 값임

B U-Forest의 계획 공원 · 녹지율의 적용 시

- 마스터플랜 계획설계 단계에서의 흡수부문의 정량화가 가능한 다음의 몇 가지 요소들로 간략화하여 온실가스 흡수량을 산정

- 마스터플랜에서 수립된 공원·녹지 면적에 따라 탄소흡수량을 산정한 결과, 표33과 같이 연간 282 Ton CO_2/년인 것으로 나타남

- 표33 항목 중 '습지식물 및 플랑크톤'은 전체 수공간 면적의 10%에 해당하는 면적을 고려한 값임

- 습지 등에 식재된 갈대 및 수생식물(갈대, 수생식물 3.6kg/㎡)과 식물플랑크톤(0.5kg/㎡)의 광합성 작용으로 탄소상쇄효과가 있음(친환경 근린개발을 위한 도시설계기법연구, 유광흠 외, 2009.11)

녹지부문의 탄소흡수

- ▶ 탄소배출 절감량 : 282 Ton CO_2/년
- ▶ 수목식재효과 : 연간 10만 그루
- ▶ 탄소배출권 : 550만원

■ 표34 녹지부문의 탄소흡수 효과

부문	탄소흡수 요소기술	탄소흡수량 (Ton CO_2/년)	가치환산		비고
			수목식재효과	탄소배출권확보 경제적이익	
녹지 부문	녹지면적의 확보	282	10만 그루	550만원	
합계		**282**	**10만 그루**	**550만원**	

※ 수목식재 효과는 이산화탄소 1톤당 30년생 잣나무 기준 360그루가 흡수하는 양으로 환산가능, 탄소배출권은 CO_2 1톤 당 13유로, 1,500원/유로를 기준으로 환산

결론

본 장에서는 마스트플랜의 수립단계에 있는 U-Forest가 기존도시와 같이 개발되는 것이 아니라, 저탄소 녹색마을로 조성되는 경우의 효과를 예측하고자 함. 이를 위해 도시 내 활동별 이산화탄소 배출량을 산정하기 위한 분석체계를 바탕으로 탄소배출의 정량화가 가능한 녹색기술요소를 선정한 후, U-Forest 마을의 탄소배출 저감량을 계산하였음

탄소배출 저감량의 계산시, 활동 부문별로 왼쪽과 같은 다양한 탄소절감 및 흡수계획 요소를 반영하여 산출함

왼쪽에서 제시된 U-Forest의 저탄소 녹색마을 개발 방안을 토지이용계획 및 세대, 인구규모에 적용하여 이산화탄소의 배출량을 산정하였음

U-Forest를 일반적인 개발방식으로 조성하는 경우에 비해 저탄소 녹색마을로 개발하는 경우, 탄소배출량 저감 및 흡수량의 증가로 인하여 약 9천516만원 정도의 탄소배출권 확보 효과가 있음

탄소절감의 효과 이외에도, 가스, 전기, 자동차연료, 수도 등의 에너지 비용이 연간 약 16억2천7백만원 정도가 절감되는 경제적 효과가 있음

U-Forest는 앞 장에서 이미 기술한 것처럼 본 장에서 정량화한 요소 이외에도 훨씬 더 많은 녹색기술요소들에 의해 저탄소 녹색마을로 조성될 예정이다. 이러한 세부적인 녹색기술 요소들로 인한 탄소저감효과를 구체적으로 정량화할 수 있는 방법이 연구되고 개발된다면, 지금보다 더 큰 탄소저감 및 흡수효과의 정량화가 가능할 것임

U-Forest의 저탄소 녹색마을 개발 방안

- 주택부문 : 초에너지 절약형 주택, 신·재생에너지(태양광, 태양열)의 적용
- 상업 및 공공부문 : 고효율 외피시스템, 신·재생에너지(태양광, 태양열, 지열)의 적용
- 수송부문 : 자전거 이용의 활성화, 친환경대중교통, 직주근접, 학주근접, 대중교통의 연계활성화 적용
- 폐기물부문 : 폐기물처리 기술의 향상, 쓰레기 자동수거시스템 적용
- 수자원부문 : 중수 및 빗물의 활용
- 녹지부문 : 녹지면적의 최대한 확보

■ 표35 U-Forest의 탄소절감 및 흡수 정량화 결과의 종합

구분		탄소저감량 (Ton CO_2/년)	가치환산		비용절감
			수목식재효과	탄소배출권확보 경제적이익	
탄소저감	1. 주택	1,357	49만 그루	2,646만원	362백만원
	2. 상업 및 공공	2,416	87만 그루	4,711만원	666백만원
	3. 수송	784	28만 그루	1,529만원	582백만원
	4. 폐기물	31	1만 그루	60만원	9백만원
	5. 수자원	10	0.36만 그루	20만원	8백만원
소계		**4,598**	**166만 그루**	**8,966만원**	**1,627백만원**
탄소흡수	6. 녹지	282	10만 그루	550만원	-
합계		**4,880**	**176만 그루**	**9,516만원**	**1,627백만원**

U-FOREST

IX

실행계획 (Action Plan)

사업시행방법

사업시행방식의 결정

- 전원주택지의 조성은 대체로 대상지역이 도시지역인 경우 자연녹지, 보전녹지이고, 도시외 지역의 경우는 계획관리지역이나 농림지역, 자연환경보전지역이 대부분이기 때문에 제도적으로 개발행위허가, 지구단위계획, 도시개발사업에 의해 가능
- 자연녹지와 보전녹지의 용도를 가진 전, 답, 임야로 이루어진 U-Forest 마을의 경우도 이 세 가지 시행방법이 모두 가능하고, 이에 따라 각 시행방법에 대해 검토해 보기로 함

개발행위허가

– 현재 전원주택지의 조성은 대부분 국토의 계획 및 이용에 관한 법률에 의한 개발행위 허가를 득하여 이루어지고 있음

– 이는 전, 답, 임야의 형질변경을 통하여 지목을 대지로 변경하여 건축허가를 득하는 것임

장점

- 사업시행절차가 단순하고 신속함
- 소규모(약 2,000평 이내)의 전원 주택지의 조성에 적합
- 최소의 간선시설만 설치하여 주택지의 조성이 가능함

단점

- 약 2,000평이 넘는 전원주택지의 경우 적용이 어렵고, 분할해서 사업을 추진 할 경우 사업추진 중에 문제의 소지가 많음
- 공용시설 등 단지의 커뮤니티 시설의 설치가 소극적임
- 분할해서 일정 규모 이상의 단지를 조성할 경우 간선시설의 설치에 있어서 계획적인 입지와 적용이 어려움
- 기본적으로 부지조성을 전제로 해서 건축물을 건설하는 것이므로 자연지형을 그대로 살려서 전원주택지를 조성하기 곤란함

지구단위계획

– 국토의 계획 및 이용에 관한 법 제51조에 규정한 양호한 환경의 확보나 미관의 증진 등을 위하여 필요한 지역으로 보아 지구단위계획에 의한 용도지역의 변경이나 개발사업을 수반하는 경우로 적용

– 그러나 실제로 이러한 방식을 통한 전원주택지의 조성은 거의 전무한 실정

– 이러한 이유는 1종지구단위계획 구역의 지정이 공동주택사업에 초점이 맞추어져 있기 때문으로 자연환경을 보전하고 지속가능한 개발을 이루기 위해서는 적극적인 적용이 필요한 상황

장점

- 용도지역의 변경이나 형질변경의 절차가 간단함
- 간선시설의 계획적인 설치 및 관리가 용이
- 획지별 건축행위를 계획적으로 관리할 수 있음

단점

- 사업방식이 아니기 때문에 실질적인 사업추진과 실현에 많은 시간이 소요 됨
- 토지수요자들의 의견 조율과 건축행위의 시간적 상이성으로 인해 전체 사업지를 계획적으로 개발하기 곤란 함.
- 간선시설 및 공동시설의 설치에 대한 재원 마련이 힘들고, 공익사업으로 공공에서 간선시설의 설치도 어렵고 많은 시간이 소요 됨

도시개발사업

- 도시개발법에 의한 시행
- 대규모 개발을 전제로 하는 사업이므로 현행 소규모 개발을 지향하는 전원주택지 조성에 있어서는 적용하지 않는 실정
- 그러나 주택만을 조성하는 것이 아니라 다양한 기능을 복합하는 전원주택지의 경우에는 적용을 검토해야 하는 사업방식

장점

- 사업방식이므로 실질적인 사업 추진과 계획적인 개발이 가능
- 간선시설의 설치가 용이
- 지구단위계획을 수립해야 하므로 획지별 건축행위를 계획적으로 관리할 수 있음
- 수용·사용방식과 환지방식이 있으므로 토지 전체를 매수하지 않고도 실질적인 사업이 가능
- 용도지역 및 지구의 변경이 가능하므로 다양한 기능을 복합적으로 유치하여 전원문화복합단지의 조성이 가능

단점

- 도시개발사업구역 지정에 있어서 면적 제한이 있으므로 일정규모 이상의 면적을 개발하는 전원주택지 조성사업만 가능
- 현행 도시개발사업의 적용이 공동주택 및 주상복합빌딩에 주로 이루어지고 있어서 관련 공무원들의 인식이 이루져 있지 않음

사업방식의 선정

U-Forest 마을 계획의 특성

- 일정 규모이상의 단지를 조성하는 사업
- 학교, 노인복지시설, R&DB센터 등이 복합적으로 입지하여 직주근접, 학주근접을 이루는 계획요소의 실현이 필요
- 주택 외에도 공적 공간 및 자연환경에 친환경적이고, 에너지 절약적인 시설들이 설치되어야 함
- 개별 획지의 건축행위가 친환경적이고 에너지 절감적인 계획요소를 정확하게 지키도록 유도하는 실현수단이 필요
- 다양한 시설의 입지를 위해 용도지역 및 용도지구의 변경이 수반되어야 함

이와 같은 특성을 종합해 보면

⇨ **U-Forest 마을의 사업방식은 도시개발사업이 가장 적합**

단, 이러한 사업방식의 추진을 위해서는 다음과 같은 과제들이 선결되어야 함

- 공동주택 위주의 도시개발사업방식에 대한 다양한 접근방식의 이해
- 수직적 용도의 복합인 주상복합빌딩에 대한 이해를 수평적인 복합 토지이용의 바람직한 공간구성으로 이해의 폭을 넓혀야 함
- 지구단위계획에서 녹색기술요소들을 제어할 수 있는 계획수단들이 적극적으로 활용되도록 계획되어야 함

도시개발사업의 절차

• 도시개발사업 시행 절차도

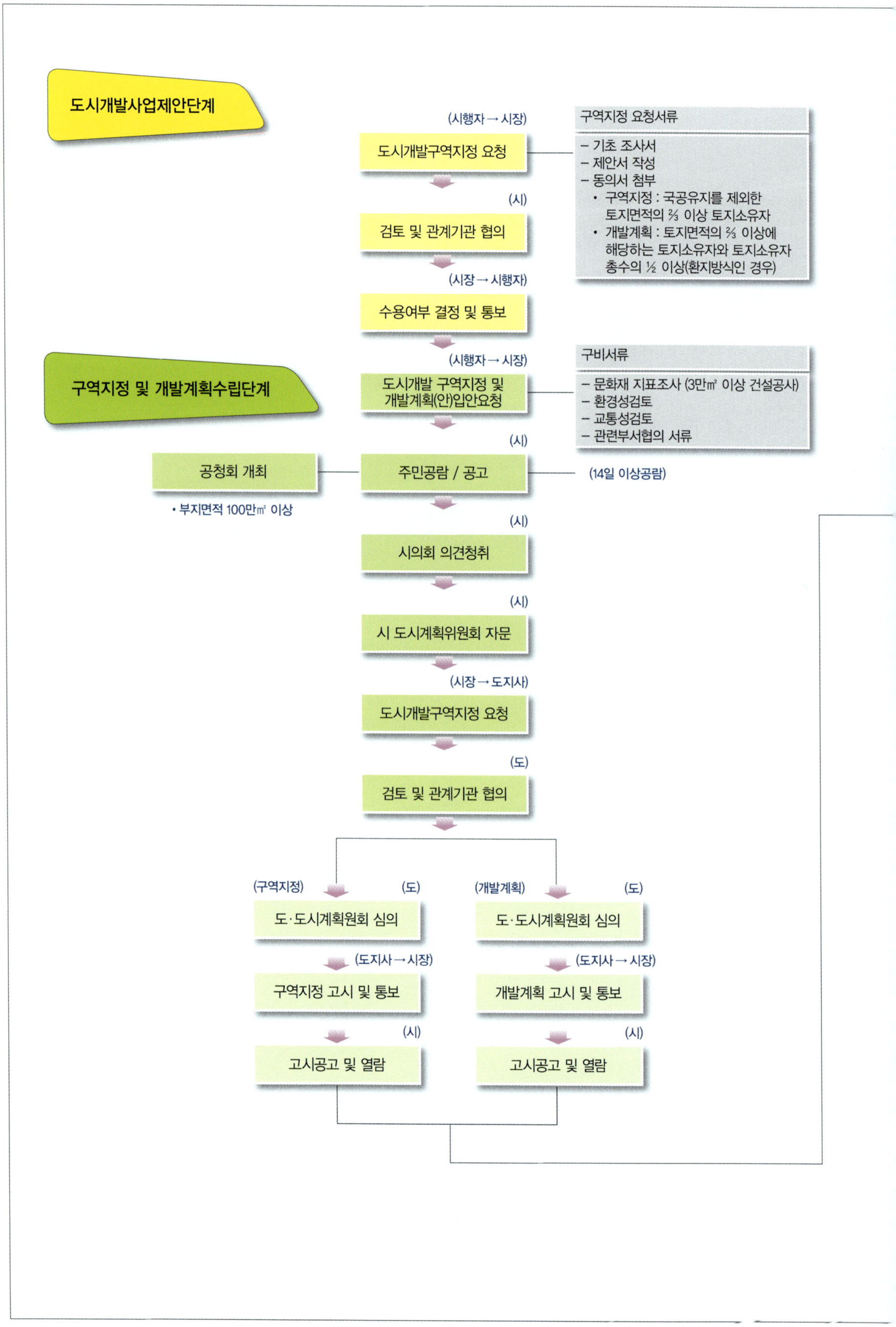

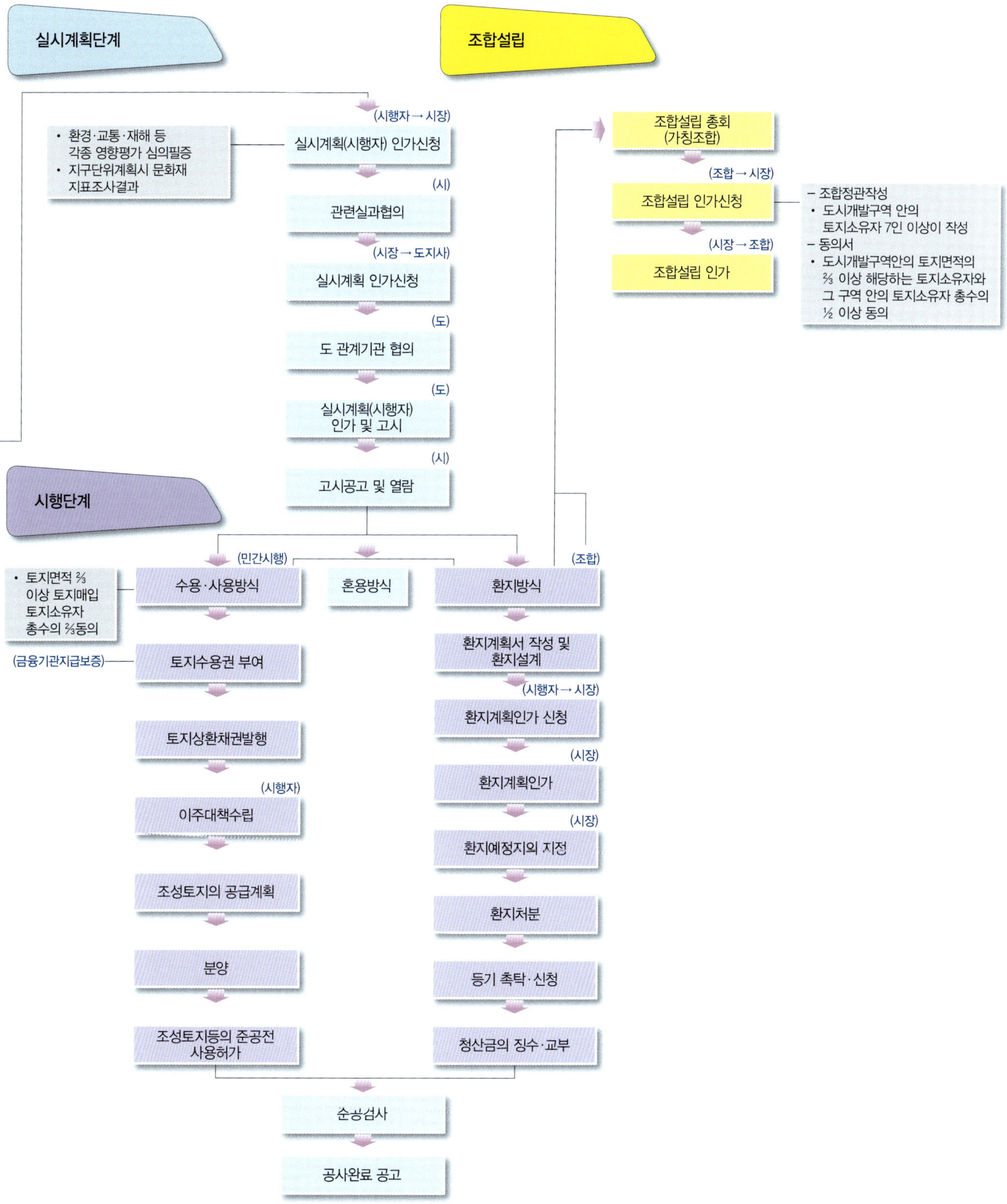
실시계획단계
조합설립
(시행자→시장)
실시계획(시행자) 인가신청
• 환경·교통·재해 등 각종 영향평가 심의필증
• 지구단위계획시 문화재 지표조사결과
(시)
관련실과협의
(시장→도지사)
실시계획 인가신청
(도)
도 관계기관 협의
(도)
실시계획(시행자) 인가 및 고시
(시)
고시공고 및 열람
조합설립 총회 (가칭조합)
(조합→시장)
조합설립 인가신청
(시장→조합)
조합설립 인가
– 조합정관작성
• 도시개발구역 안의 토지소유자 7인 이상이 작성
– 동의서
• 도시개발구역안의 토지면적의 ⅔ 이상 해당하는 토지소유자와 그 구역 안의 토지소유자 총수의 ½ 이상 동의
시행단계
(민간시행)
수용·사용방식
• 토지면적 ⅔ 이상 토지매입 토지소유자 총수의 ⅔동의
혼용방식
(조합)
환지방식
(금융기관지급보증)
토지수용권 부여
토지상환채권발행
(시행자)
이주대책수립
조성토지의 공급계획
분양
조성토지등의 준공전 사용허가
환지계획서 작성 및 환지설계
(시행자→시장)
환지계획인가 신청
(시장)
환지계획인가
(시장)
환지예정지의 지정
환지처분
등기 촉탁·신청
청산금의 징수·교부
준공검사
공사완료 공고

재정계획

수지분석

- U-Forest 마을 조성사업 중 주택부문에 대한 수지 분석
- 총 사업비용은 약 1,300억, 총 매출액은 1,574
- 수익(세전)은 271억 정도의 규모이고 수익률은 17.21%
- 이는 일반적인 주택사업의 사업성이 30%를 상회하는 것과 비교하면 낮은 수익률
- 이렇게 사업성이 낮은 이유는 전체사업 부지중 공공성이 높은 공간이 많고, 녹색마을을 위한 친환경적인 비용이 많이 투입되기 때문임

매 출		비 용			세전수익(백만원)
구분	금액(백만원)	구분	금액(백만원)	비율(%)	
주택	157,408	토지비	36,393	27.9	27,096 (수익율:17.21%)
		건축비	70,087	53.8	
		판매비	6,535	5.0	
		부대비	7,545	5.8	
		금융비	9,751	7.5	
계	157,408	계	130,312	100.0	
세 부 사 항					
평당분양가	1100-1700만원	토지매입	평당 60만원		
세대수	286세대	평당건축비	평균 520만원		
평형	25-56평형	실부지/전체비	62.30%		
건축연면적	34,073㎡				

녹색비용의 회수

- 일반적인 주택단지의 조성시 대비 녹색사업비용은 추가적으로 12% 더 투입되는 것으로 산정
- 녹색사업비는 74.6억원, 정량화된 연간 에너지 절감 비용은 16.3억원으로 투입된 녹색사업비를 회수하는 기간은 4.58년
- 여기서 에너지 절감비용을 정량화 가능한 계획요소들에 대해서만 산정한 것이기 때문에 실질적인 회수 기간은 더 짧을 것으로 예상됨
- 이러한 에너지 절감비용이 사업자에게 돌아가는 것이 아니므로 사업의 추진에는 어려움이 있을 수 있지만, 실질적인 개별주택의 에너지 비용 및 단지 유지 비용에서 절감되어 입주민들에게 지속적으로 돌아가는 것이기 때문에 더 의미가 있음

녹색비용		녹색마을 에너지 절감비	
총공사비	62,202백만원	에너지 절감비(연간)[1]	1,627백만원
녹색사업비용	7,464백만원	에너지절감비(5년간)	8,135백만원
녹색비용 총공사비의 12%		녹색사업비의 회수기간	4.58년

1) 8장에서 산정된 U-Forest 마을의 에너지 절감비용 참조

기대효과

자연의 회복과 재생을 도모하며 도시적 삶에 대응하는 구릉지 전원형 마을의 모델

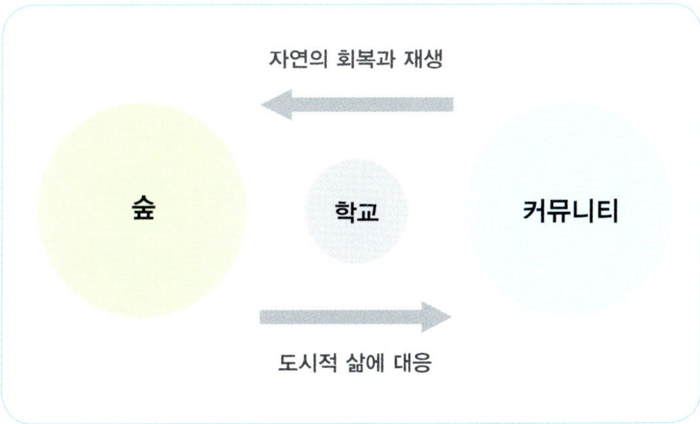

- 지금까지 자연과 정주공간의 대응은 상호 피해를 주지 않는 오려내는 듯한 대응
- 그러나 '녹색성장'을 넘어 '저탄소 사회'를 지향하는 현 시대의 친환경 패러다임의 변화에 부합하는 새로운 개념의 생태적 공간 U-Forest 마을의 조성이 실현되면
- 우리나라의 구릉지 전원형 마을의 모델이 되어 저탄소 녹색개발을 확산시켜 나가게 될 것임

지속가능하고 실현가능한 '문화가 있는 전원형마을의 구현'으로 저탄소 녹색생활의 확산에 기여

- 지금까지 정주공간의 개발이 입주민의 삶에 대해 무관심하거나 최대한 폐쇄적인 개인 프라이버시를 존중하는 방향으로 이루어짐
- 그러나 개별 획지에서 이루어지는 건축행위를 계획적으로 관리하고, 이 공간 자체가 입주민들의 에코라이프의 삶을 유도하고 실제 살아가도록 계획된 U-Forest 마을의 조성이 실현되면
- 지속가능하고 그 실현이 가능한 '문화가 있는 전원형 마을'의 모델이 되어 우리나라의 정주공간에서 저탄소 녹색생활이 이루어지도록 선도해 나가게 될 것임

세대와 계층이 조화롭게 살아가는 유토피아적인 공간의 조성

- 지금까지 정주공간에서 이루어지는 인간관계에 대한 배려는 분리와 단절이 편리하다는 인식이 반영된 공간구성
- 그러나 학교와 마을, 일터와 삶터, 자연과 기술, 어린아이와 노인, 부자와 빈자가 어우러지며 살아갈 수 있는 U-Forest 마을의 조성이 실현되면
- 다양한 세대와 계층이 조화롭게 살아가는 유토피아적인 공간이 만들어지고, 그렇게 사람들이 살아갈 맛이 나는 전원마을 조성이 확산될 것임

친환경 저탄소 녹색생활 교육의 확산과 새로운 지역발전 모델

- 지금까지 정주공간에서의 생활은 관리자가 입주민들이 원하는대로 일방적으로 서비스하는 입주민 편의 중심의 생활공간
- 그러나 탄소저감, 에너지 저감을 생활에서 실천하도록 정주공간을 유도함으로, 삶터, 일터, 배움의 터에서 일관성있는 녹색생활이 가능한 U-Forest 마을의 조성이 실현되면
- 어디서든 친환경 저탄소 녹색생활이 가능하고, 그 삶이 자녀들에게 교육되어 확산될 것이며, 이러한 일-삶-배움의 터가 어우러진 U-Forest 마을은 그 자체가 새로운 지역발전 모델이 되고, 전지구적인 관광 마을이 될 것임

향후과제

U-Forest 마을 조성을 위협하는 요인

• 사업성을 맞추기 위해 개발강도를 높여야 한다는 요구

시행자 혹은 시공사의 사업성을 높이기 위해 주택건설 호수나 규모를 늘려야 한다는 주장이 제기될 것임

⇨ 반드시 규모를 늘려야 사업성이 높아진다는 고정관념을 깨고, 지속 가능한 개발 그리고 조화라는 개념을 가지고 저탄소 녹색마을의 근본을 흔들지 않는 접근이 필요

• 분양이 잘 될 것인가에 대한 우려

약간의 불편을 감수해야 하고, 자신의 대지경계를 구별하지 않고 더불어 살아가는 U-Forest 마을의 주택이 실제 잘 분양될 것인가에 대한 의구심이 생길 수 있음

⇨ 우리나라에서는 의외로 주택의 공급자 측면에서 실제 주거문화가 이끌어진 사례가 많다는 점을 감안해 보면, 이제 공급자측에서 '저탄소 녹색마을'이라는 전지구적 기후변화에 대응하는 건전한 주거문화를 이끌어가는 방안은 오히려 분양을 높이는, 시대를 앞선 방안이 될 수 있을 것임

• 마을 조성 재원 마련이 어렵다는 불안감

높지 않은 사업성, 분양에 대한 불확실성 특히 첫 번째 시도라는 면에서 마을 조성을 위한 재원 마련이 어려울 것이라는 불안감이 생길 수 있음

⇨ 지금은 일반적인 주택단지들이 분양이나 사업시행에 어려움을 겪고 있고, 오히려 잘 진행되는 단지는 특별한 컨셉과 과감한 시도들이 담긴 주택단지들이므로 이러한 시장환경을 잘 이해하는 기관이나 투자자들에 의해 새롭게 시도되는 U-Forest 마을의 재원마련이 더 용이할 수 있음.

• 입주민들이 녹색생활을 받아들일 것인가에 대한 의심

녹색생활은 실제로 약간의 불편을 필요로 하고, 이 경우 과연 입주민들이 지속적으로 녹색생활을 해 나갈 수 있을 것인가에 대한 문제

⇨ 초기 입주하는 입주민은 가능한 한 에코라이프를 원하는 사람들을 대상으로 하고, 이들의 co-housing 개념의 삶이 확산되면 이러한 생활을 실천하는 사람들이 점점 더 늘어나게 되고 지속적으로 녹색생활을 해나가게 될 것임. 특히 U-Forest 마을의 경우 한밀숲학교에서 학생들과 학부모 그리고 지역주민들에게 지속적으로 에코라이프의 삶을 살도록 교육하고 함께 해나가게 되므로 지속적인 실천이 가능하게 될 것임

U-Forest 마을 조성의 과제

추진주체의 분명한 생각과 의지가 지속적으로 연결되어져야 함

불확실한 사업성, 분양 가능성, 재원마련의 어려움에도 불구하고 추진주체가 저탄소 제로에너지 마을의 기본 정신과 설계내용을 지켜나가겠다는 분명한 생각과 의지를 지속적으로 가져야 함

⇨ 이를 위해서는 추진주체가 학교법인이나 교회가 되는 것이 바람직하고, 불가피하게 추진주체를 변경해야 할 경우에는 U-Forest 마을의 조성 원칙을 계약서 상에 언급하여 최대한 지켜나갈 수 있도록 하여야 함

녹색개발이 가능한 건전한 투자재원의 확보

마을 조성을 조속히 시행하기 위해 마을조성계획의 많은 부분에 개입할 수 있는 성격의 투자재원을 사용하기 보다는, 장기적인 안목에서 녹색개발 및 녹색성장에 관심이 있는 건전한 재원을 사용하도록 노력하는 것이 바람직 함

⇨ 따라서 녹색사업 인증 등을 통해 녹색펀드를 지원받을 수 있도록 하고, 이렇게 정부에서 인증된 사업의 신뢰성과 지원된 녹색펀드를 중심으로 녹색성장 주제의 다른 재원들을 추가하여 전체적으로 녹색을 테마로 하는 재원구성

저탄소 제로에너지 마을 입주 대상 계층의 파악과 홍보

경제적으로, 사회적으로 어떤 계층들이 저탄소 제로에너지 마을에 대한 관심이 있고, 실제 입주해서 살아 갈 사람들인지 파악해야 하고, 한편으로는 녹색마을과 녹색생활에 대한 홍보를 통해 다양한 계층이 입주할 수 있도록 하여야 함

⇨ U-Forest 마을에 대한 홈페이지를 개설하여, U-Forest 마을공간과 녹색생활에 대해 설명하고 입주희망과 관련한 의견을 받아서 대상계층을 파악하며, 특히 한밀숲학교 입학 희망 학부모들과 연계될 수 있도록 홍보 및 다양한 입주 프로그램을 준비해야 함

녹색생활 실천을 위한 다양한 공간적 유도와 시설 및 프로그램의 개발

녹색생활을 실천하는 것은 쉽지 않은 일이므로, 입주민들이 녹색생활을 실천하는 것이 자유롭고, 편안할 수 있는 공간 및 시설의 제공 그리고 이에 따른 다양한 프로그램들이 개발되어 운영되어져야 함

⇨ 차량의 진입문제, 쓰레기 처리문제, 쾌적한 보행환경, 텃밭의 조성 등 공간 자체에서 녹색생활을 유도하고, 환경감시센서, 미기후 변화측정 장비, 에코 스마트그리드, 생활하수 자연정화시설 등 다양한 시설을 설치하며, 음식물 쓰레기 줄이기, 물사용 줄이기, 공동구매 및 공동취사, 그린존 운영 등 다양한 프로그램을 개발하여 지속적으로 적용함

저탄소 녹색마을을 이해하고 지원하는 정부, 지자체, 관련부서의 도움이 필요함

U-Forest 마을의 조성에는 기존 개발사업과는 다른 친환경 계획요소 및 에너지 절감 기술, 설계 요소들이 있으므로 일반적인 기준을 적용하기 힘들 경우가 있는데, 이에 대해 정부, 지자체, 관련부서가 적극적으로 도우려는 자세가 필요함

⇨ 녹색사업인증 등 특정한 인증절차에서 검증된 사업의 경우, 사업시행시 일반적인 단지와 적용기준이 상이함으로 인해 무제가 발생하게 되면, 신속하게 대응할 수 있도록 지경부 및 관계기관, 지자체 간의 협조체제를 요구하고 반영시키도록 함

U-Forest 마을 조성 그 이후

- 우리나라에는 아직 세계에 내 놓을만한 생태도시, 생태마을이 없는 실정이다
- 그러나 세계에 소개된 유명한 생태도시들의 특징 중의 하나는 작은 환경 요소나 에너지 저감 노력을 주민 스스로 오랜 시간 꾸준하게 해왔다는 점이다.
- 외국의 많은 좋은 사례들이 우리나라에 도입되면 '종합선물상자'가 된다고 한다. 종합선물상자의 특징은 보기는 그럴듯한데 먹을 것이 없다는 점이다. 가슴 아픈 이야기이고 본질과 정신보다 신속하게 방법을 모방하여 빠른 결과를 얻기 위한 욕심의 결과이기도 하다.
- U-Forest 마을을 계획하며 우리도 동일하게 이 욕심의 유혹을 받고 있으며, 많은 부분 이 욕심의 결과물을 만들어내기도 하였다. U-Forest 마을에도 수많은 친환경요소와 에너지 기술들이 도입되어 있기 때문이다.
- 그러나 우리는 이 꿈이 실현될 수 있다고 믿는다. 여러 개이지만 하나가 될 수 있는 요소들의 조합이 불완전하나마 이 계획에서 이루어져 있다고 믿기 때문이다. 그리고 많은 분들이 별다른 대가를 바라지 않고 이 일에 많은 도움을 주고 참여해 준 그 정신과 마음이 있기 때문이다.
- 그리고 나아가 아래와 같은 단어들을 떠올리며 U-Forest 마을이 이 단어들에 어떻게 반응하고 대응하게 될 지 많은 기대가 되기도 한다.

지구기후변화 / 신 · 재생에너지 / 자연생태계와의 공생 / 재해, 재난 대응

건강문제 / 먹거리문제 / 노인문제 / 청소년문제 / 교육문제 / 가족문제

일자리문제 / 범죄문제 / 양성 차별문제 / 상대적 빈곤문제

- 이념 – 구상 – 계획 – 설계 – 사업 – 공사 – 입주… 그리고 그 이후가 궁금해지는 것은 우리의 본질적인 관심이 생각과 행동 즉 말과 삶의 일치에 있기 때문이다. 배움과 삶의 일치라는 가장 기초적인 교육이념을 가진 인성교육학교 '한밀숲학교'에서 시작된 이 관심과 정신이 U-Forest 마을에 까지 이어지게 된 것은 우리에게 축복이며 감사의 제목이기도 하다.
- U-Forest 마을에 사용된 많은 친환경 요소들과 에너지절감 기술들이 실제적인 열매들을 맺게 되고 또 시행착오들이 발견되어 더 발전된, 더 진실된 생태마을들이 만들어질 것이다. 마을은 만드는 것이 아니라 만들어지는 것이라는 기초에 충실한 그런 마을 말이다.

건축주와 건축가가 함께 만들어가는 녹색주거단지

LOW CARBON, LOW ENERGY U-FOREST

건축주 에필로그

싸움에는 좋은 싸움이 있고 나쁜 싸움이 있다.
좋은 싸움은 싸우면서 서로를 알게 되고, 나쁜 싸움은 싸우고 나서 서로에 대해 더욱 모르겠고 미워하게 되기도 한다.
이 책에 소개된 싸움은 단언컨대 좋은 싸움이다.

그러나 이 싸움은 아직 끝나지 않았다.
이렇게 싸워 만든 계획안은 벌써 많은 부분에 수정이 가해지려 하고 있고, 가장 먼저 나 스스로가 그 타협의 유혹에 처해있다.
이 책이 만들어지는 기간에 일주일동안 독일을 중심으로 여러 모양의 생태마을과 학교들, 치유의 숲을 다녀왔다.
이렇게 먼 한국에서 내가 찾아갈 정도로 알려진 그 마을들의 공통된 특징은, 모두 타협하지 않고 그들이 중요하다고 생각하는 한두 가지를 끝까지 만들어내고 지켜냈다는 점이다.
이것은 살아있는 감동이면서, 한편으로는 우리는 할 수 없다는 좌절감을 주었다.

그렇지만 돌아오자마자 처음 생각으로 돌아가 먼저 학교부터 설계내용을 완전히 바꾸었다.
U-Forest마을은 바꾸기보다는 어떻게 지켜야 할 것인가의 문제였다.
다시 싸움은 시작되었고 이 싸움은 무엇보다 나 자신과의 싸움이다.

먼저 사업성이 보장되어야 한다는 사업전문가, 투자자들의 논리와 싸워야 할 것이고, 누가 이런 불편을 감수하고 이 마을에 입주한다는 것인가라고 따져 묻는 분양전문가들과도 싸워야 한다. 안정된 기존 기술력을 사용하고 싶어 하는 여러 분야의 기술자들과 기존의 제도를 고수하려는 인허가 관청과도 싸워야하고, 자기 유익만을 따지는 지역주민과도 싸워야 한다.
나에게 이 싸움이 가능한 것은 교회가 있기 때문이다.
교회가 10년 동안 인성교육을 해온 유아교육기관 '하바어린이선교원'에 대해 세상과 부모님들은 끊임없이 인성교육만 하지 말고 지식적인 교육도 할 것에 대해 압력을 가했지만 교회는 지금까지 결코 타협하지 않고 한 길을 걸어왔다.
교회는 교인들에게도 상황과 환경을 따라 믿음을 타협하지 말고 올바르게 살 것에 대해 가르쳤고, 배운 것을 지켜 몸에 배도록 하기까지 끝까지 권면해 주었다. 이것이 나의 체력이고 싸움기술이다.

이 타협하지 않는 싸움에서 한 수 위인 이명주 건축가는 언제나 나를 이겨먹었다. 그러나 그녀에게 감사하다.
그리고 계속 싸워서 나를 이겨먹고, 또 함께 외부환경과 싸워주기를 기대한다.
인생의 연륜으로 보면 타협을 잘해야 하는 데 청년처럼 늘 새로운 아이디어와 발상으로 놀라움을 주는 김종률 회장님과도 그동안 많이 싸웠다. 물론 좋은 싸움이었고 늘 깊은 감사의 마음이 있다.

언제나 타협하지 않고 한 길을 걸어오시며 늘 몸으로 솔선수범하여 사랑을 가르쳐주신 송풍호 목사님과 조순애 사모님, 싸울 수 있도록 나에게 힘을 주고 사랑의 기다림으로 격려해주는 아내 김지하와 아들 예찬이, 많은 일들과 마음의 짐을 함께 해주는 몸을 내어주어도 아깝지 않은 기획실 형제들(장진한, 황상대, 박병진, 이재호, 장성묵, 이용준 형제), 기도하며 자신들의 인생을 이 일에 헌신하겠다는 아침이슬 같은 교회가족들, 아무런 이득 없이 이 의미 있는 일에 무조건적으로 돕고 계신 많은 분들…… 당신들로 인해 이 싸움은 가능하고 결국 좋은 싸움이 될 것이라 믿는다.

거짓 평화보다 빛으로 나아가 추함과 문제점들을 노출하고 고쳐 회개에 이르라고 하시는 주님께 감사드린다.

그리스도의 편지교회 이 은 식

건축가 에필로그

에필로그 1.

이 용역은 마스터플랜 작업이었다. 녹색단지를 만들기 위한 큰 그림이었다. 이 그림이 그대로 실현이 된다면 얼마나 좋을까? 라는 욕심은 없다. 단, 친환경 저에너지 녹색주거단지를 만들기 위해서 건축주와 건축가가 어떤 문제로 고민했으며, 그 고민을 해결하기 위해 얼마나 많은 논리를 세우면서 계획했는가를 알리고 싶었다.

에필로그 2.

그래도 실현되면 좋겠다. 개인의 욕심보다는 자연을 생각하는 작업이었다고 자부하였기에 이런 단지 하나 정도는 만들어지면 좋겠다는 생각을 해본다. 그러나 마스터플랜이 끝나고 도시계획도로 승인을 준비하는 과정에서 가장 중요한 도로의 축이 변경될 운명에 처해 있다. 도시계획도로는 공공의 도로이니 길어서도, 주택을 이어주는 길이여서도 안 될 거라는 막연한 추측 때문에 도로라인이 바뀌어 가고 있다. 숲 속에 만들어지는 도로이기에 나의 제안이 도시계획도로가 될 수 는 없는 것일까?

에필로그 3.

이제는 설득하고 싶다. 기존의 방식이 틀렸다는 것이 아니라, 숲 속 친환경 저에너지 녹색단지를 만들기 위해서는 다른 각도에서 생각할 수 있다고 이야기하고 싶다. 그리고 그 어렵다는 법 제정도 이제는 인류와 자연 중심적으로 생각하다보면 고칠 부분이 분명히 있을 거라고 이야기하고 싶다. 건축가의 이야기를 들어주는 나라, 신뢰하는 나라에서 살고싶다. 이 책이 그 역할을 해 줄 수 있을까?

에필로그 4.

교수로서 그리고 건축가로서 에너지 절약형 건축물을 만들기 위해 수많은 밤을 지새웠다. 그 과정에서 설계상의 시행착오도 있었지만, 오히려 에너지 절약형 건축자재가 없어서 이론을 실천하지 못한 부분도 있었다. 에너지 절약형 건축자재를 갈구했었기에 독일 건축 잡지에 광고된 자재들을 보면서 이 제품들이 우리나라 자재라면 얼마나 좋을까? 라는 생각도 수 없이 해 왔다. 수입품을 사용하는 것이 아직은 우리나라에서 가장 편한 방법이겠지만, 국내 생산품을 만들도록 독려하고, 지원하고, 그리고 세계적인 자재를 생산하도록 만드는 일이 대한민국 땅에서 이루어지길 바란다. 그리고 그런 재료를 맘대로 사용하는 건축가가 되고 싶다.

에필로그 5.

나는 고집 센 건축가일지도 모른다. 하지만 자연을 사랑하고, 인간을 존중했던 건축가라는 말을 듣고 싶다. 이런 나의 생각이 나의 후학들에게 전달되고, 그들이 설계하는 또 다른 단지에 그들의 철학이 반영되어 더 멋진 친환경 저에너지 녹색단지가 설계되고 실현되면 좋겠다. 그래서 부끄럽지만 이 책을 세상에 던진다. 그리고 수익금은 한밀숲학교 장학금으로 사용될 것이다.

교수건축가 이 명 주

저자소개

이 은 식 그리스도의 편지교회 목사
학교법인 한밀학원 관리이사
도시계획 기술사
공학박사
Low Carbon, Low Energy 녹색주거단지 기획자
www.hanmilschool.com

이 명 주 명지대학교 건축대학 부교수
독일건축사
제로에너지디자인 벤처기술연구소 운영
(주)제드엠제이 건축사사무소 설립자
2010년 제1회 한·중·일 청년 과학자 선정 (Green City분야)
Low Carbon, Low Energy 녹색주거단지 마스터플랜 건축가
www.zedmj.com

건축주와 건축가가 함께 만들어가는 녹색주거단지
LOW CARBON, LOW ENERGY U-FOREST

초판 1쇄 인쇄 | 2011년 1월 5일
초판 1쇄 발행 | 2011년 1월 10일

저 자 | 이은식 · 이명주
펴낸이 | 김호석
펴낸곳 | 도서출판 대가
등 록 | 제 311-47호
주 소 | 서울시 마포구 상수동 6-1 대한실업빌딩 301호
전 화 | (02) 305-0210 / 306-0210
팩 스 | (02) 305-0224
전자우편 | dga1023@hamnail.net
홈페이지 | www.bookdaega.com
디자인 | 씨오디

ISBN 978-89-6285-057-4 93530